“十四五”普通高等教育本科部委级规划教材
国家一流本科专业建设精品课程系列教材
教育部“产品设计人才培养模式改革”虚拟教研室试点建设系列教材
2021 年中央支持地方高校发展专项资金支持

# 产品风格化设计

U0241547

潘鲁生　主编

林宇峰　编著

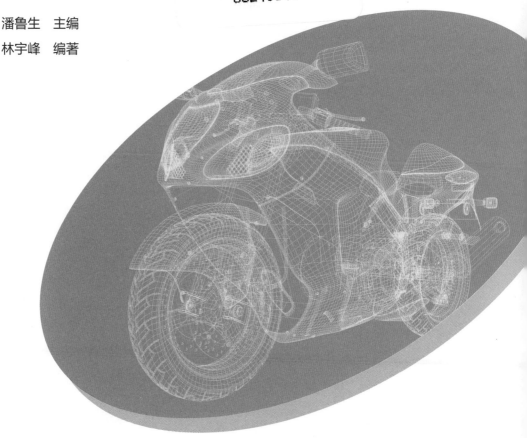

中国纺织出版社有限公司

**图书在版编目（CIP）数据**

产品风格化设计 / 潘鲁生主编；林宇峰编著. --
北京：中国纺织出版社有限公司，2022.4
"十四五"普通高等教育本科部委级规划教材
ISBN 978-7-5180-9166-9

Ⅰ. ①产… Ⅱ. ①潘… ②林… Ⅲ. ①工业产品—产
品设计—高等学校—教材 Ⅳ. ①TB472

中国版本图书馆CIP数据核字（2021）第235994号

责任编辑：余莉花　　特约编辑：王晓敏
责任校对：王蕙莹　　责任印制：王艳丽

中国纺织出版社有限公司出版发行
地址：北京市朝阳区百子湾东里 A407 号楼　邮政编码：100124
销售电话：010 — 67004422　传真：010 — 87155801
http://www.c-textilep.com
中国纺织出版社天猫旗舰店
官方微博 http://weibo.com/2119887771
天津千鹤文化传播有限公司印刷　各地新华书店经销
2022 年 4 月第 1 版第 1 次印刷
开本：787×1092　1/16　印张：18
字数：233 千字　定价：79.00 元

# 序

目前，我国本科高校数量1270所，高职（专科）院校1468所，在这些高校中，70%左右开设了设计学类专业，设计类专业在校学生总人数已逾百万，培养规模居世界之首。在凝聚中国力量，实现中国梦的伟大征程中，设计人才已成为推动产业升级和提高文化自信的助力器，是建设美丽中国实现乡村振兴的重要力量。

2019年，教育部正式启动了"一流本科专业建设点"评定工作，计划在三年内，建设10000个国家级一流本科专业，其中设计学类一流专业规划有474个。与之相匹配，教育部同步实施10000门左右的国家级"一流课程"的建设工作。截至2021年底，在山东工艺美术学院本科专业中有10个专业获评国家级一流专业建设点，11个专业获评山东省级一流专业建设点，国家级、省级一流专业占学校本科专业设置总数的71%，已形成以设计类专业为主导，工科、文科两翼发展的"国家级""省级"一流专业阵容。工业设计学院立足"新工科""新文科"学科专业交叉融合发展理念，产品设计、工业设计、艺术与科技3个专业均获评国家级一流专业建设点。

工业设计是一个交叉型、综合型学科，它的发展是在技术和艺术、科技和人文等多学科相互融合的过程中实现的，是与企业产品的设计开发、生产制造紧密相联的知识综合、多元交叉型学科，其专业特质具有鲜明的为人民生活服务的社会属性。当前，工业设计创新已经成为推动新一轮产业革命的重要引擎。因此，今天的"工业设计"更加强调和注重以产业需求为导向的前瞻性、以学科交叉为主体的融合性、以实践创新为前提的全面性。这一点同国家教材委员会的指导思想、部署原则是非常契合的。2021年10月，国家教材委员会发布了《国家教材委员会关于首届全国教材建设奖奖励的决定》，许多优秀教材及编撰者脱颖而出，受到了荣誉表彰。这体现了党中央、国务院对教材编撰工作高度重视，寄望深远，也体现了新时代推进教材建设高质量发展的迫切需要。统览这些获奖教材，政治性、思想性、创新性、时代性强，充分彰显中国特色，社会影响力大，示范引领作用好是其显著特点。该系列教材在编写过程中突出强调以下几个宗旨：

第一，进一步提升课程教材铸魂育人价值，培养全面发展的社会主义建设者。在强化专业讲授的基础上，高等院校教材应凸显能力内化与信念养成。设计类教材内容与文化输出和表现、传统继承与创新是息息相关，水乳交融的，必须在坚持"思政＋设计"的育人导向的基础上形成专业特色，必须在明确中国站位、加入中国案例、体现中国智慧、展示中国力量、叙述中国成就等方面下功夫，进而系统准确地将习近平新时代中国特色社会主义思想融入课程教材体系之中。当代中国设计类教材应呈现以下功用：充分发挥教材作为"课程思政"的主战场、主阵地、主渠道作用；树立设计服务民生、设计服务区域经济发展、设计服务国家重大战略的立足点和价值观；激发学生的专业自信心与民族自豪感，使他们自觉把个人理想融入于国家发展战略之中；培养"知中国、爱中国、堪当民族复兴大任"的新时代设计专门人才。

第二，以教材建设固化"一流课程"教学改革成果，夯实"双万计划"建设基础。毋庸置疑，学科建设的基础在于专业培育，而专业建设的基础和核心是课程，课程建设是整个学科发展的"基石"。因此，缺少精品教材支撑的课程，很难成为"一流课程"；不以构建"一流课程"为目标的教材，也很难成为精品教材。教材建设是一个长期积累、厚积薄发、小步快跑、不断完善的过程。作为课程建设的重要组成部分，教材建设具有引领教学理念、搭建教学团队、固化教改成果、丰富教学资源的重要作用。普通高校设计专业教材建设工程要从国家规划教材和一流课程、专业抓起。因此，本套教材的编写工作应对标"一流课程"，支撑"一流专业"，构建一流师资团队，形成一流教学资源，争创一流教材成果。

第三，立足多学科融合发展新要求，持续回应时代对设计专业人才培养新需要。设计专业依托科学技术，服务国计民生，推动经济发展，优化人民生活，呼应时代需要，具有鲜明的时代特征。这与时下"新工科""新文科"所强调和呼吁的实用性、交叉性、综合性不谋而合。众所周知，工业设计创新已经成为推动新一轮产业革命的重要引擎。在此语境下，工业设计的发展应始终与国家重大战略布局密切相关，在大众创业、万众创新中，在智能制造中，在乡村振兴中，在积极应对人口老龄化问题中，在可持续发展战略中，工业设计都发挥着不可或缺的、积极有效的促进作用。在国家大力倡导新工科发展的背景下，工业设计学科更应强化交叉学科的特点，其知识体系须将科学技术与艺术审美更加紧密地联系起来，形成包容性、综合性、交叉性极强的学科面貌。因此，本套教材的编撰思想应始终聚焦"新时代"设计专业发展的新需要，进一步打破学科专业壁垒，推动设计专业之间深度融通、设计学科与其他学科的交叉融合，真正使教材建设成为持续服务时代需要，推动"新文科""新工科"建设，深度服务国家行业、产业转型升级的重要抓手。

其四，立足文化自信，以教材建设传承与弘扬中华传统造物与审美观。文化自信是实现中华民族伟大复兴的精神力量，大力推动中华优秀传统文化创造性转化和创新性发展，则为文化自信注入强大的精神力量。设计引领生活，设计学科是国家软实力的重要组成部分，其发展水平反映着一个民族的思维能力、精神品格和生活方式，关系到社会的繁荣发展与稳定和谐。2017年，中共中央办公厅、国务院办公厅印发《关于实施中华优秀传统文化传承发展工程的意见》，综合领会文件精神，可以发现设计学科承担着"推动中华优秀传统文化的创造性转化和创新性发展"的重要责任。此类教材的编撰，应以"中华传统造物系统的传承与转化"为中心，站在中国工业设计理论体系构建的高度开展：从历史学维度系统性梳理中国工业设计发展的历史；从经济学维度学理性总结工业化过程中国工业设计理论问题；从现实维度前瞻性探索当前工业设计必须面临的现实问题；从未来维度科学性研判工业生产方式转变与人工智能发展趋势。在教材设计与案例选择上，应充分展现中华传统造型(造物)体系的文化魅力，让学生在教材中感知中华造物之美，体会传统生活方式，汲取传统造物智慧，加速推进中国传统生活方式的现代化融合、转变。只有如此，才有可能形成一个具有中国特色的，全面、系统、合理、多维度构建的，符合时代发展需求的高水平教材。

本系列教材涵括产品设计、工业设计、艺术与科技专业主干课程，其中《设计概论》《人机工程学》《设计程序与方法》为基础课程教材；《信息产品设计》《产品风格化设计》《文化创意产品设计开发》《公共设施系统设计》《产教融合项目实践》为专业实践课程教材；《博物馆展示设计》《展示材料与工程》《商业展示设计》为艺术与科技专业主干课程教材。教材强调学思结合，关注和阐述理论与现实、宏观与微观、显性与隐性的关系，努力做到科学编排、有机融入、系统展开，在配备内涵丰富的线上教学资源基础上，强化教学互动，启迪学生的创新思维，体现了目标新、选题新、立意新、结构新、内容新的编写特色。相信本套教材的顺利出版，将对设计领域的学习者、从业者构建专业知识、确立发展方向、提升专业技能、树立价值观念大有裨益，希望该系列教材为当代中国培养有理想、有本领、有担当的设计新人贡献新的力量。

董占军

壬寅季春于泉城

# 前言

随着科技的不断发展，工业社会向信息社会的转变，产品设计的领域在观念、内容、方法等方面都发生了极大的变化，从以往实体的设计范畴正向市场、品牌、企业形象、营销、策略、管理等更大的范畴拓展，涉及的因素也越来越多。同时，作为企业有效竞争的手段，策略性的系统设计也从没像今天这样得到关注。这些都促使我们从更广的层面去认识和思考设计的概念。

产品风格化设计是通过明确和具有普遍性的特征来确定设计指向，在传达企业、品牌或系列产品包含的意图、理念和概念的同时，从而形成此时代背景下的品牌定位、设计参考的蓝本。风格化设计在这种语境下更注重品牌形象的建立以及消费者消费购买引导，当然，产品的功能性肯定是不可忽略的。以上产品及设计的成功定位，通过风格化提高品牌的附加价值，通过艺术设计推广及营销的过程，使其提升为一种可以引导消费者体验高水平的艺术品质生活方式。通过体验所带来的高水平的生活方式，形成一种友好的惯性消费，最终通过创造艺术风格化生活方式的方法营建品牌，塑造更好的品牌文化，促使消费者在自身的参与中认识和接受品牌，提高品牌忠诚度，让设计更好地走进市场，进而走入人们的生活。

本教材通过对各时期艺术流派、文化、设计组织与个人和风格的关系及特征发展变化的图解式讲述，综合梳理产品形象风格化的传达影响因素、品牌的关联、风格化识别构成、产品风格化塑造方法及设计全过程等多方面的知识。引导读者认识到产品风格化设计并非停留在一般的功能或形态上，而是超越产品实体的范畴，是一个多学科交叉的新的研究领域，且富有挑战性。这种挑战实质上是今天的设计师如何去适应"形象经济"时代的问题——在全球化竞争的背景下，综合各种因素，运用形象的设计手段，选择并创新优秀的产品形象语言，增强产品、品牌、企业的竞争力。在今后的设计过程中，能够以宏观的系统视野设计出基于品牌形象的产品风格化塑造，从而有目的地设计创新或选择与之相匹配的设计风格，指导下一步的设计实施和细节推敲。

林宇峰

2021 年 12 月 30 日

# 目录

# 第一章
# 风格的发展

# 第一节
# "风格" 之初

每个时代的社会与人文发展都将形成这一时代特定的审美观念，而审美观念是主导审美趣味、审美理想产生的决定因素，并将之投射到人的生活中，对设计产生着直接影响。审美风尚和趣味的时代性反映在设计领域中，又成为引导新的生活方式和形成新时代审美风尚的重要方法和思想主流。

## 一、"风格"萌芽

在远古时代，石器的打造体现了人类在这一时期对工具的朴素要求，而工具的形态效能得到了直接体现，并决定了工具单纯的物理特性（图1-1）。造型、功能、取材的自然特性，形成了这一时期单纯、朴素的风格特征。人类在文明的初期，依靠着简单的生产工具，靠狩猎维生，艺术的表现形式还在草创阶段，没有统一的风格。

工艺时代以后，生活方式和地域文化的积淀成型产生了各具民族风格特色的生活用具设计。人类开始将宗教信仰和思想情感通过设计注入工具制造生产之中，热衷于将图腾符号、自然、动植物形象精雕细刻地表现在建筑、生活器皿或工具形态的表面（图1-2），其形式体现了宗教信仰和人文主义思想及精神，成为手工艺时代风格的直接成因。

古埃及的绘画、雕塑、建筑，都脱离了史前艺术混沌的阶段，在

图1-1　人类早期石器工具

图 1-2 青铜器

表现形式上开始有了一致的、可以延续与累积的"风格"。在雕塑《蛇王碑》里，可以看到古埃及人使用线条的方法非常精准，有一种数学的严密，又有一种高度几何化的倾向（图 1-3）。埃及建筑中的金字塔用无数裁切准确的巨型石块，建筑成一座座高耸、巨大的帝王陵墓（图 1-4）。这些金字塔从早期的梯形，逐渐发展为后期准确、简洁有力的三角形，形体对称、比例准确、线条精密的完全几何形状。古埃及的美术风格倾向于一种高度秩序的建立，无论是多么繁杂的内容，多么纷乱的场景，多么曲折的情节，埃及人似乎总希望把它们归纳成一种几何性的符号，有条不紊地排列安置在规矩的空间中。

图 1-3 蛇王碑

图 1-4 金字塔

## 二、风格的定义

在《现代汉语辞典》中，"风格"一词释为：气度、作风；一个时代、一个民族、一个流派作品所表现出的主要的思想特点和艺术特点。英文"style"具有风格，方式，样式，作风，款式（指服装）时新、时髦、流行式样之意。

广义认为，"风格"是指远古以来人类试图通过明确和具有普遍性的特征来确定一种物件，从而传达它包含的概念，其客观性使之成为经典。

狭义认为，在美术的领域里，找到一种准确而且可以长时间持续一致地表达的方法，这就形成了一种"风格"。风格不同于一般的艺术特色，是一种通过艺术品所表现出来的相对稳定、内在、反映时代、民族或艺术家的思想、审美等的内在特性的外部印记。本质在于是艺术家对审美的独特鲜明的表现，有着无限的丰富性。由于艺术家不同的生活经历、艺术素养、情感倾向、审美，其艺术风格的形成受到时代、社会、民族等历史条件的影响，因此题材及体裁、艺术门类对作品风格也有制约作用。

"风格"这一词还被广泛用于描述不同事物的特征，如做事风格、穿衣风格、绘画风格、设计风格等，涉及文化、经济及日常生活各方面（图1-5）。最初将"风格"作为研究艺术的手段的学科是美术学科领域，其使用"风格"这一概念来区分不同的艺术形式或同一艺术形式中不同作品之间的差别。从美学的观点来看，长期以来，"风格"被看作研究艺术的一种规范表达方式。学者们使用"艺术风格"概念区分在不同时期、不同群体或者个人作品中的艺术，宽泛地说，艺术风格也就是艺术作品的特点总结与归属，艺术风格是一种标准，它可以确定原作的创作时间和地点，并用于追踪艺术群体间存在的相互联系。在具体的造物设计中，造型是一种符号式的标签，也是一种艺术风格的标签。艺术风格的关系处理，似乎就是一种过去和现在、现在和未来的关系的处理。从时间维度来看，每一种艺术风格都是对前一种艺术风格的继承与变革。风格的形成会受到其所隶属的时代、社会、民

图1-5 风格日常应用

族、文化等社会历史条件的影响，并且对风格起到内在的制约作用。

　　艺术与设计的关系具有同源性，艺术风格可以通过表现、象征、提取三个层次来抽象和转化成为设计的造型。造型是产品设计的外在表现之一，艺术风格是产品的内在灵魂，二者缺一不可，艺术风格需要造型来传达，造型如果忽视了艺术特征就如失去了创造力与灵魂。"艺术风格"从这种意义上来说是由作品中造型形式和特定的符号元素来表征的。从设计过程的观点来看，艺术风格是一种行为方式和形态风格模式，是在素材构成时，凭借造型语法的不同，表现出独特的形式。产品表现出的造型风格给用户不同的感受，而造型风格的建立是由产品的物理特征（形态、色彩、材质、纹理等）与用户的心理意象所共同构成的。人们习惯于采用自己所熟悉的模式学习新的事物，或选用熟悉的方法来解决新的问题。这使设计师在潜意识中容易使用相似的设计模式方法来处理造型、结构、肌理、细节等，模式和方法的相似性导致了造型特征的相似性，从而形成了设计师的个人或某一设计品牌的风格。从这个意义上来说，艺术风格是一种独特且辨识度高的设计方式，这种方式在设计过程中被反复地使用，由此产生了产品设计造型上的共鸣。由前述观点可以知道，风格是以反复出现的典型共性特征为标志的，所以风格化在这里可以看作是设计过程的一个功能，满足审美需求的功能。

# 第二节

# 古典风格

## 一、巴洛克

### （一）起源

　　"巴洛克"源于西班牙语及葡萄牙语的Barocco，意为"变形的珍珠"。作为形容词，此字有"俗丽凌乱"之意。巴洛克艺术起源于罗马，贯穿17世纪延续到18世纪的欧洲美术运动。这时期的人们喜好繁复的装饰、华丽的金色、扭曲多变的缠绕线条，不喜欢单调平板的水平垂直，追求强烈的律动感，善于营造堆砌之美，常常使人目眩，眼花缭乱。它既是一种国际风格的趋向，同时又是欧洲各地去民族美学自觉的开始。17世纪，旧有的教会势力努力维护巩固自身的利益，发动反宗教改革；而民间的理性思考与质疑的精神，使得开始建立新的美学思维方向。多元价值在新旧交替冲突的年代同时存在，在建筑、雕刻、城市景观规划、绘画上发生了全面的质变，"巴洛克"就是新旧冲突的拉锯战中的时代产物。巴洛克艺术最基本的特点是打破文艺复兴时期的严肃、含蓄和均衡，崇尚豪华和气派，注重强烈情感的表现，气氛热烈紧张，具有刺人耳目、动人心魄的艺术效果。

### （二）影响及特征

#### 1. 建筑

巴洛克建筑是17~18世纪在意大利文艺复兴建筑基础上发展起来的一种建筑和装饰风格。当时，各地的宗教改革引发了梵蒂冈教会的不安。为了巩固教会的权威，意大利掀起了反宗教改革运动，如建筑形式的改换、重新包装教堂，企图以华美、亲切的视觉效果，吸引逐渐散去的信徒；希望形式的华美壮观，可以取代内在濒临没落的信仰，重新使大众回到教堂来。重新回到教堂是早期巴洛克建筑的重要动机。

巴洛克的建筑利用穹顶的采光，使教堂更明亮，常使立面产生凹凸的各种变化，加上许多曲线的流转，单纯结构的元素增加了装饰符号，使原来沉重庄严的建筑变得轻快愉悦，使人觉得来到教堂不再是为了承担心灵上的负担，而是追求精神飞扬的激情喜悦。如图1-6所示，梵蒂冈圣彼得大教堂为这一时期建筑的典型实例。

图1-6　梵蒂冈圣彼得大教堂

图1-7　阿波罗和达芙妮
劳伦佐·贝尼尼

图1-8　玛丽·美第奇抵达马赛
鲁本斯

### 2. 雕刻

巴洛克雕刻有时是建筑的一部分，动势的展现是其最重要的特点，人物不再被雕成静止或休息的姿态，而是处于运动之中，表现真实、传神的技法臻于成熟完美，人的皮肤外观、卷发、衣饰、织物的质感都很逼真。如图1-7所示，意大利雕塑家济安·劳伦佐·贝尼尼的雕刻作品《阿波罗和达芙妮》。

### 3. 绘画

巴洛克时代最活跃的画家代表人物是鲁本斯。他使巴洛克美术变成纯粹视觉上的赏心悦目，艺术不再严肃沉重，而是以精致、细腻的油画技巧创作出富裕、华美的画面（图1-8）。宏伟壮观，充满动感，精湛的透视变奏，戏剧性的构图，起伏波动，体现无限的空间，加以理想光的对比，使画面产生统一协调如舞台布景的效果是巴洛克绘画的特色。

### 4. 家具

巴洛克家具追求跃动型装饰样式，利用多变的曲面，采用花样繁多的装饰做大面积的雕刻，名贵材料如柚木、黄金、象牙、紫檀木的大量使用，或是金箔贴面、描金涂漆处理，并在家具上大量应用面料包覆，以烘托宏伟、生动、热情、奔放的艺术效果。

## 二、洛可可

"洛可可"（Rococo）一词由法语Rocaille（贝壳工艺，混合贝壳与石块的室内装饰物）和意大利语Barocco（巴洛克）合并而来。"洛可可"是产生于18世纪法国、遍及欧洲的一种艺术风格，由于其形成过程中受到东亚艺术的影响，盛行于路易十五统治时期，因而又称为"路易十五式"，该艺术形式具有轻快、精致、细腻、华丽、纤弱、柔和、繁复等特点。洛可可艺术风格被广泛应用在建筑、装饰、绘画、文学、雕塑、音乐等艺术领域，法国凡尔赛宫王后卧室是该时期代表作（图1-9）。

洛可可艺术追求轻盈、纤细的秀雅美，纤弱娇媚、纷繁琐细、精致典雅、甜腻温柔，在构图上有意强调不对称，其工艺、结构和线条具有婉转、柔和的特点，其装饰题材有自然主义的倾向，以回旋曲折的贝壳形曲线和精细纤巧的雕刻为主，喜欢用弧线和S形线，卷草舒花，缠绵盘曲，连成一体。天花和墙面有时以弧面相连，并在转角处

图 1-9　法国凡尔赛宫王后卧室

布置壁画。为了模仿自然形态，室内建筑部件也往往做成不对称形状，变化万千，但有时流于矫揉造作。室内墙面爱用嫩绿、粉红、玫瑰红等鲜艳的浅色调粉刷，线脚大多用金色。室内护壁板有时用木板，有时做成精致的框格，框内四周有一圈花边，中间常衬以东方织锦。

# 第三节
# 现代设计萌芽

## 一、"工艺美术"运动

英国是工业革命的发源地，对于现代设计自然起到重要的催生作用。"工艺美术"运动起源于英国19世纪下半叶的一场设计运动，是针对家具、室内产品、建筑的工业批量生产所造成的设计水准下降的局面而产生的。"工艺美术"运动最主要的代表人物是英国设计师威廉·莫里斯（英国"工艺美术"运动的奠基人），其于1864年成立的莫里斯设计事务所，是一家兼有建筑、室内、产品、平面设计多种内容的完整设计事务所，由他设计的金属工艺品、家具、彩色玻璃镶嵌、墙纸、挂毯以及书籍，具有非常鲜明的特征，对后期"世纪行会""艺术工作者行会""手工艺行会"等设计团体具有直接影响（图1-10、图1-11）。

"工艺美术"运动风格强调手工艺，明确反对机械化的生产；在装

图 1-10 威廉·莫里斯

图 1-11 威廉·莫里斯设计的作品

图 1-12 工艺美术灯 埃尔普

饰上反对矫揉造作的维多利亚风格和其他各种古典、传统的复兴风格；提倡哥特风格和其他中世纪的风格，讲究简单、朴实无华、良好功能；主张设计的诚实、诚恳，反对设计上的哗众取宠、华而不实的趋向；装饰上推崇自然主义，东方装饰和东方艺术的特点（图1-12）。

## 二、"新艺术"运动

在英国"工艺美术"运动影响下，欧洲大陆随后掀起了一场规模更加宏大、影响范围更加广泛、实验程度更加深刻的"新艺术"运动。

"新艺术"运动的名字源于法国家具设计师萨穆尔·宾（兼艺术品商人）于1895年在巴黎开设的一间名为"新艺术之家"（La Maison Art Nouveau）的设计事务所。"新艺术"运动是19世纪末、20世纪初在欧洲和美国产生并发展的一次影响面相当大的"装饰艺术"运动以及内容很广泛的设计运动。该运动涉及十几个国家和地区，从建筑、家具、产品、首饰、服装、平面设计、书籍插图到雕塑和绘画艺术都受到影响，延续时间长达十余年，是设计上一次非常重要、具有相当影响力的形式主义运动。

"新艺术"运动风格细腻、装饰性强，常被称为"女性风格"，大量采用花卉、植物、昆虫作为装饰的动机，与相对简单朴实的英国"工艺美术"运动风格中强调比较男性化的哥特风格形成鲜明对照。如图1-13所示，艾米尔·加利设计的蝴蝶床利用镶嵌技术，使整件作品具有很高的装饰性，是"新艺术"运动的典型代表作品。

如图1-14所示，是法国设计师赫克多·基玛德设计的巴黎地铁入口。其在1900～1904年共设计了140多个不同的地铁入口，皆采用金属

图 1-13　蝴蝶床

图 1-14　巴黎地铁入口　基玛德

铸造技术，金属结构模仿植物的质感，玻璃棚顶模仿海贝造型。基玛德将此前作为"奢侈"的代名词"新艺术"风格带入了大众文化领域。

　　新艺术运动是世纪之交的一次承上启下的设计运动，它继承了英国"工艺美术"运动的思想和设计探索，希望在设计矫揉造作风气泛滥、工业化风格浮现的时期，重新以自然主义的风格，开辟设计新鲜气息的先河，复兴设计的优秀传统。这场运动处在两个时代的交叉时期，旧的手工艺的时代接近尾声，新的工业化的、现代化的时代即将出现，并逐步被"装饰艺术"运动和现代主义运动取而代之。如图1-15所示，西班牙巴塞罗那设计师安东尼奥·高迪设计的米拉公寓，展现了极端有机形态的风格，无论外表还是内部，包括家具，都尽量避免采用直线和平面，家具、门窗、装饰部件的设计全部汲取植物、动物形态造型。

新艺术在时间上发生于新旧世纪交替之际，在设计发展史上也是由古典传统向现代运动的一个必不可少的转折与过渡，为传统设计与现代设计起到承上启下的重要作用。

图1-15　米拉公寓　高迪

## 三、"装饰艺术"运动

图1-16　盆形躺椅
　　　　艾琳·格蕾

"装饰艺术"运动兴起于20世纪20年代，30年代成为在法国、美国和英国等国家开展的国际性流行设计风格。因这场运动与欧洲的现代主义运动几乎同时发生与发展，因此，无论从材料的使用上，还是从设计的形式上，都可以明显看到"装饰艺术"运动受到现代主义运动很大的影响。如图1-16所示，法国"装饰艺术"运动代表设计师艾琳·格蕾设计的盆形躺椅，采用木上涂漆施银箔，有着明显的现代主义表现手法。

从思想和意识形态方面来看，"装饰艺术"运动是对矫饰的"新艺术"运动的一种反对。一方面，"新艺术"强调中世纪、哥德式、自然风格的装饰，强调手工艺的美，否定机械化时代特征；而"装饰艺术"运动反对古典主义、自然（尤其有机形态）的、单纯手工艺的趋向，主张机械化的美，具有更加积极的时代意义。另一方面，"装饰艺术"运动开展的时期，正是现代主义开展的时期，在形式特征上，它们有着密切而复杂的关联。

"装饰艺术"运动虽然主要在法国、美国和英国等国流行，但是这种风格却成为世界流行风格，甚至当时的上海都可以找到"装饰艺术"风格的建筑和室内设计，可见其流行的广度。相比之下，"新艺术"运动虽也遍及欧美，但是从影响的范围来看，地区性非常强，只是设计界的探索，很难成为一个比较统一的流行风格。波兰画家塔玛拉·德·兰碧卡，在1924～1939年创作了大量的肖像画，风格独特。其采用棱角鲜明和现代环境背景组成的色彩画，非常具有装饰效果的结构，对同时期设计师与艺术家影响很大（图1-17、图1-18）。

图 1-17 女士肖像

图 1-18 男士肖像

"装饰艺术"风格如此普及是因为它采用手工艺和工业化的双重特点，采取设计上的折衷主义立场，设法将豪华的、奢侈的手工艺制作和代表未来的工业化特征合二为一，产生一种可以发展的新风格来，为大批量生产提供了可能性。而"新艺术"运动正因为它的曲线、非几何形态造成了只能手工生产，不能大批量机械生产的状况。20世纪开始，人们已经注意到，如果希望某种风格能够得到普及，并成为流行风格，工业化批量生产是不能忽视的一个重要因素。图1-19所示是保罗·布兰特于1930年设计的装饰艺术运动风格金色珐琅袖口首饰，采用黑色、白色和绿色珐琅工艺。

图 1-19 金色珐琅袖口首饰 保罗·布兰特

这场运动与世界的现代主义设计运动几乎同时发生，在各个方面都受到现代主义的明显影响。"装饰艺术"运动主要强调为上层顾客服务的出发点，使得它与现代主义有完全不同的意识形态立场，也正因为如此，"装饰艺术"运动没有能够在第二次世界大战之后再次得到发展，从而成为史迹，只有现代主义成为真正的世界性设计运动。

# 第四节
# 现代主义设计

19世纪末20世纪初，世界各地特别是欧美国家的工业技术发展迅速，新设备、机械、工具不断被发明出来，极大地促进了生产力的发展，同时对社会结构和社会生活带来了很大的冲击，现代主义设计正是在此时代背景下产生。现代主义设计运动开始主要在三个国家进行实验，即荷兰、俄国和德国。俄国的构成主义运动是在意识形态上旗帜鲜明地提出设计为无产阶级服务的运动；而荷兰的"风格派"运动则是集中于新的美学原则探索的单纯美学运动；德国的现代设计运动从德国"工业同盟"开始，到包豪斯设计学院为高潮，搭建完成现代主义设计的结构，第二次世界大战结束后影响到世界各地，成为战后"国际主义设计运动"的基础。

现代主义在建筑设计中进行了精神上、思想上的改革——设计的民主主义倾向和社会主义倾向；在技术上的进步、特别是新的材料——钢筋混凝土、平板玻璃、钢材的运用；新的形式——反对任何装饰的简单几何形状以及功能主义的倾向，打破千年以来为权贵设计服务的立场和原则，也打破几千年以来建筑完全依附于木材、石料、砖瓦的传统。

现代主义所表现出来的形式特点有四，其一，功能主义特征，强调功能为设计的中心和目的，而不是以形式为设计出发点，讲究设计的科学性，重视设计实施时的技术性、方便性、经济效益和效率；其二，受到立体主义影响，提倡非装饰的简单几何造型形式；其三，重视空间的考虑，特别强调整体设计的考虑，反对在图版及预想图上设计，强调以模型为中心的设计规划；其四，重视设计对象的费用和开支，把经济问题作为一个重要因素放到设计中考虑，从而达到实用经济的目的。

## 一、德国工业同盟

1907年，穆特修斯、贝伦斯等人，在德国成立第一个设计组织——德国工业同盟。吸引了大批设计师、艺术家的加入，同时提出同盟的目的是通过设计强调民族良心，也标志着德国的现代主义设计运动的发展。德国工业同盟宗旨与宣言内容为以下几点：

（1）提倡艺术、工业、手工艺结合。

（2）主张通过教育宣传，努力将各个不同项目的设计综合在一起，完善艺术、工业设计和手工艺。

（3）强调走非官方的路线，避免政治对设计的干扰。

（4）大力宣传和主张功能主义和承认现代工业。

（5）坚决反对任何装饰。

（6）主张标准化的批量化。

图1-20为德国现代主义设计代表人物彼得·贝伦斯为AEG公司设计的电风扇，是最早的功能主义工业产品设计之一。

图 1-20　AEG 公司电风扇

## 二、德国"包豪斯"

包豪斯是1919年在德国成立的一所设计学院，也是世界上第一座完全为发展设计教育而建立的学院。这所由德国著名建筑师、设计理论家沃尔特·格罗佩斯创建的学院，通过10年的努力，集中了20世纪初欧洲各国对于设计的新探索与实验成果，特别是荷兰"风格派"、俄国构成主义运动的成果，并对其加以发展和完善，成为集欧洲现代主义设计运动达成的中心。该学院将欧洲的现代主义设计运动推到了一个空前的高度，它对于现代设计教育的影响是巨大和难以估量的（图1-21、图1-22）。

图 1-21　沃尔特·格罗佩斯

图 1-22　包豪斯校舍

包豪斯经历过三任校长：格罗佩斯、汉斯·迈耶和米斯·凡德罗，并形成了三个非常不同的发展阶段：格罗佩斯的理想主义、迈耶的共产主义、米斯的实用主义。这三个阶段的贯穿，使包豪斯因而兼具知识分子理想主义的浪漫和乌托邦精神、共产主义的政治目标、建筑设计的实用主义方向和严谨的工作方法特征，也造就了包豪斯的精神内容的丰富和复杂，带有强烈而鲜明的时代烙印。

图1-23是包豪斯的学生彼得·凯勒1922年设计的儿童摇篮，具有强烈的构成主义特点；图1-24是包豪斯学生作品玛丽安·布兰特于1924年设计的金属茶壶；图1-25是包豪斯的学生阿尔玛·布仁于1924年设计的积木玩具；图1-26是赫伯特·拜耶1925年设计的台灯，具有

图 1-23　儿童摇篮设计
彼得·凯勒

图 1-24　金属茶壶设计
玛丽安·布兰特

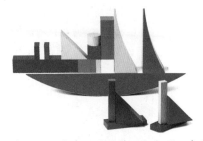

图 1-25　积木玩具设计　阿尔玛·布仁

高度的理性特点，功能非常实用，也是包豪斯著名工业产品设计之一。

图1-26　台灯设计
赫伯特·拜耶

## 三、俄国构成主义设计运动

俄国构成主义设计是俄国十月革命胜利前后，在俄国一小批先进的知识分子中产生的前卫艺术运动和设计运动，无论从运动的深度还是探索的范围来看，都毫不逊色于德国"包豪斯"和荷兰的"风格派"运动。

俄国构成主义者高举着反艺术的立场，避开传统艺术材料，如油画、颜料、画布和十月革命前的图像。艺术品可能来自现成物，例如：木材、金属、照片或者纸。艺术家的作品经常被视为系统的简化或者抽象化，在所有领域的文化活动，从平面设计到电影和剧场，他们的目标是要透过结合不同的元素以构筑新的现实。最早的建筑之一是弗拉基米尔·塔特林在1920年设计的第三国际纪念塔方案，这座塔比埃菲尔铁塔还要高，其中包括国际会议中心、无线电台、通信中心等（图1-27）。

构成主义设计运动代表人物李西斯基（Lissitzky）认为艺术家不

图1-27　第三国际纪念塔方案　弗拉基米尔·塔特林

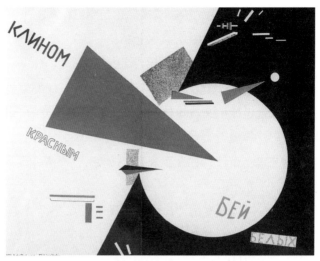

图1-28　用红色的楔子打击白军　李西斯基

需要所谓外在的唯美、艺术性的流行，而需要对风格的根本有着深一层的了解。不细节雕琢是诚实的，重视整体是精确的；不是来自黔驴技穷的形式或者虚构的幻想，而是简洁中的丰富性；整体或细节上，能由圆与直线所构成，是几何学的；由双手借助现代机器所打造的，是工业的。李西斯基于1919年设计的革命海报《用红色的楔子打击白军》，完全用简单的几何图形和简单而强烈的色彩来象征革命对白军的摧枯拉朽的打击力量，是俄国构成主义设计最典型和最杰出的作品之一（图1-28）。

## 四、荷兰"风格派"运动

"风格派"是荷兰的一些画家、设计师、建筑师在1917年～1928年组织起来的一个松散的集体，主要促进者及组织者是杜斯伯格，代表性人物有画家P·蒙德里安、利特维特等。蒙德里安1912年的绘画作品，奠定了"风格派"设计的形式基础（图1-29）；里特维特的《红蓝椅》具有划时代意义（图1-30）。

"风格派"的特征表现为以下几点：

（1）将传统建筑、家具、产品设计、绘画以及雕塑等特征完全剥除，变成最基本的几何结构单体或"元素"。

（2）运用这些几何结构单体或元素形成简单的结构组合，但在新结构组合中，单体依然保持相对独立性和鲜明可视性。

（3）对于非对称性的深入研究与运用。

图1-29　红、黄、蓝构图
蒙德里安

（4）反复运用纵横几何结构、基本原色与中性色。

"风格派"运动所传达的社会含义包括：

（1）坚持艺术、建筑、设计的社会作用。

（2）认为普遍化和特殊化、集体与个人之间有一种平衡。

（3）对于改变机械主义、新技术风格含有一种浪漫的、理想主义的乌托邦精神。

（4）坚信艺术与设计具有改变未来、改变个人生活和生活方式的力量。

图1-30 红蓝椅 里特维特

没有统一的、一成不变的"风格派"风格，真正的"风格派"是变化的、进步的，它的精神是改革和开拓，它的目的是未来，它的宗旨是集体与个人、时代与个体、统一与分散、机械与唯美的统一的努力。

现代主义设计本身也是一种进步的象征。现代主义的关键因素是功能主义和理性主义。功能主义认为，一件物品或建筑物的美和价值取决于它对于其目的的适应性，其最有影响的口号是"形式追随功能"，强调功能对于形式的决定作用。而理性主义则是以严格的理性思考取代感性冲动，以科学的、客观的分析为基础来进行设计，尽可能减少设计中的个人意识，从而提高产品的效率和经济性。需要注意的是，现代主义并不是功能主义，也不等于理性主义，它具有更加广泛的意义。

# 五、"波普"设计运动

"波普"设计运动是20世纪60年代的设计风格，"波普"（Pop）一词来自英语的大众化（popular），"波普"源起于大众化，波普文化是知识分子的文化，"波普"设计运动是典型的知识分子运动。现代主义设计虽然具有讲究功能良好、强调理性和注意服务对象的特点，但是风格单调、冷漠而缺乏人情味，对于第二次世界大战战后出生的年轻一代来说，这种风格已经是陈旧、过时的观念体现。"波普"设计运动是一场反现代主义设计的运动，其目的是反对自1920年以来发展起来的现代主义设计传统。

英国"波普"设计在这场运动中具有非常鲜明的前卫性特点，主要强调图案装饰，不少图案是从当时"波普"艺术中借鉴过来，直接反映在时装设计、家具设计、室内设计、平面设计几个方面。时装设计是"波普"文化最集中的体现，通过设计师的设计，赋予服装以新的含义，无论从材料上、图案上都强烈地表现了他们希望强调的特征，成为当时青少年的一个新的宣言，非常具有时代特征。时装设计师玛丽·奎恩特是英国20世纪60年代波普设计运动的代表人物（图1-31）。

图1-31　时装设计　玛丽·奎恩特

## 六、国际主义风格

欧洲第二次世界大战以前发展起来的"现代主义"设计，经过在美国的发展，成为战后的"国际主义"风格。这种风格在战后的年代，特别是20世纪六七十年代以来发展成影响至世界各国的建筑、产品、平面设计风格，成为垄断性的风格。

1927年在德国斯图加特市郊举办的威森霍夫现代住宅建筑展览中，美国建筑师飞利浦·约翰逊认为展览中设计作品所呈现的单纯、理性、冷漠、机械的风格，会成为一种国际流行的建筑风格，并称其为"国际主义"风格，现代主义设计成为国际主义设计的开端。

国际主义设计从建筑设计到产品设计、平面设计等领域均产生影响，如瑞士国际主义平面设计，以简单明快的版面编排和无饰线体文字为中心，形成高度功能化、非人性化、理性化的平面设计方式，影响世界各国；德国乌尔姆设计学院和博朗公司，以德国设计师迪特·拉姆斯为首，在设计和设计理论上发展出一套完整的系统设计体系，该体系强调冷漠、高度理性化、系统化、减少主义形式，形成高度功能主义、高度次序化的产品设计风格，并深刻影响欧美和日本等国家的产品设计风格。图1-32～图1-34为博朗公司设计的SK4收音唱机等产品，以及图1-35意大利设计师索扎斯等人在1964～1969年设计的奥利维蒂公司Edito 4型打字机，都是典型的国际主义风格。

图 1-32　SK4 收音唱机

图 1-33　博朗收音机

图 1-34　博朗收音机图

图 1-35　Edito 4 型打字机

# 第五节
# 现代主义设计之后

## 一、后现代主义风格

后现代主义一词最早出现在西班牙作家德·奥尼斯1934年的《西班牙与西班牙语类诗选》一书中，用来描述现代主义内部发生的逆动，特别有一种现代主义纯理性的逆反心理，即后现代风格。后现代风格强调建筑及室内装潢应具有历史的延续性，但又不拘泥于传统的逻辑思维方式，探索创新造型手法，讲究人情味，常在室内设置夸张、变形的柱式和断裂的拱券，或把古典构件的抽象形式以新的手法组合在一起，即采用非传统的混合、叠加、错位、裂变等手法和象征、隐喻等手段，以期创造一种融感性与理性、集传统与现代、揉大众与行家于一体的"亦此亦彼"的建筑形象与室内环境。

后现代主义表现出三个方面的特征：

### （一）历史主义和装饰主义立场

后现代主义不仅恢复了装饰性，并且高度强调，所有的后现代主义设计师，无论是建筑设计师还是产品设计师，都无一例外地采用各种各样的装饰，特别是从历史中汲取装饰营养，加以运用，与现代主义的冷漠、严峻、理性化形成鲜明的对照。

### （二）对于历史动机的折衷主义立场

后现代主义并不是单纯地恢复历史风格，是对历史的风格采用抽出、混合、拼接的方法，并且这种折衷处理基本是建立在现代主义设计的构造基础之上的。

### （三）娱乐性以及处理装饰细节上的含糊性

娱乐特点是后现代主义非常典型的特征，大部分后现代主义的设计作品都具有戏谑、调侃的色彩，反映了经过几十年严肃、冷漠的现代主义、国际主义设计垄断之后，人们企图利用新的装饰细节达到设计上的宽松和舒展。现代主义及国际主义设计强调的明确、高度理性化、毫不含糊，长期以来成为设计的基本原则，人们在对于这种设计形式上过于理性化的倾向感到厌倦，希望设计上有更多的非理性成份，含糊性是一个自然的结果。

诺伯特·伯尔戈夫设计的"F-2"柜子，基本是古典建筑的外形，顶上是古典殿堂建筑造型，完全体现了后现代主义的基本特征（图1-36）。

## 二、"高科技"风格

"高科技"风格是从祖安·克朗和苏珊·斯莱辛1978年的著作《高科技》中而来。"高科技"风格运用精细的技术结构，讲究对现代工业材料和加工技术的运用，达到具有工业化象征性的特点。将现代主义设计中的技术成分提炼出来，加以夸张处理，以形成一种符号的效果，把工业技术风格变成一种高商业流行风格，给予工业结构、工业构造、机构部件以美学价值，这是"高科技"风格的核心内容。重要代表作品是法国蓬皮杜文化中心，其采用充分暴露工业结构的方法，将

图1-36 "F-2"柜子
柏尔戈夫

各种管道暴露在建筑外表，工业构造成为重要的美学符号（图1-37）。图1-38是意大利激进设计集团孟菲斯的亚历山大罗·门蒂尼设计的瓦西里椅，该椅子是将马偕·布鲁克1927年在包豪斯设计的第一张钢管椅子改成的后现代主义家具。图1-39是马库斯波什于1986～1987年设计的"面包烤箱马"式面包烤箱。

图1-37　蓬皮杜艺术中心

图1-38　瓦西里椅

## 三、减少主义风格

减少主义风格是20世纪80年代开始的一种设计风格，在美学上追求极端简单，一种简单到无以复加的设计方式。减少主义深受密斯·凡德罗的设计思想"Less is more"的影响，并受现代主义、国际主义形式化思想的深刻影响而发展起来的。减少主义风格设计的特点是将设计元素简化到最少的程度。简约的设计通常非常含蓄，往往能达到以少胜多，以简胜繁的效果。

减少主义风格代表人物是法国设计师菲利普·斯塔克，以减少主义风格设计了大量的家具，没有任何装饰，在造型上简约到几乎无以复加，但却很注意简单的几何造型的典雅，达到简单而丰富的效果。这种设计既不同于现代主义的刻板，也不同于后现代主义的烦琐装饰，具有现代而时髦的个人特色，从而得到广泛的喜爱。图1-40为菲利普·斯塔克设计的普拉法椅子，曾在法国前总统密特朗的爱丽舍宫会议室中使用。

图1-39　"面包烤箱马"式
面包烤箱

## 四、微电子风格

微电子风格并不统一，是一种由于技术发展到电子时代，大量采

图1-40　普拉法椅子
斯塔克

用新一代大规模集成电路晶片的电子产品涌现而导致的新设计范畴。该风格重点在于如何将设计功能、人机工程学、材料科学、显示技术和相关技术统一，在新产品上集中体现，达到良好的功能和形式效果。同时，产品设计是企业文化的重要组成部分之一，产品设计与企业形象的一致与统一性，可以促进产品的销售与品牌形象的塑造，因此在"高科技"产品、电子产品设计中普遍采取现代主义的理性主义与功能主义方式，如德国西门子公司、博朗公司，日本松下电器，美国通用电器公司、IBM公司等。

## 五、解构主义

1967年法国哲学家雅克·德里达提出"解构主义"，至20世纪80年代以来形成一种设计风格。"解构主义"是从"结构主义"演化而来，其形式是对于结构主义的破环和分解，是对于现代主义、国际主义的标准与原则的破坏与分解。

建筑设计师弗兰克·盖里是解构主义的代表人物，其在设计中将完成的现代主义、结构主义建筑整体破碎处理，然后重新组合，形成破碎的空间和形态，如图1-41所示，鲁沃脑健康中心大楼是解构主义风格的典型代表。他的作品采用解构主义哲学的基本原理，具有鲜明的个人特征。盖里重视结构的基本部件，认为基本部件本身就具有表现的特征，完整性不在于建筑本身总体风格的统一，而在于部件的充分表达。

图1-41　鲁沃脑健康中心大楼　弗兰克·盖里

"解构主义"因结构、工程上的问题，很难立即影响到工业设计，对于平面设计则导致了20世纪20年代"达达主义"风格的复兴。达达风格在版面设计上以简单字体和插图布局的零散方式，表达当时无政府主义思潮。这种新的"解构风格"作为对于国际主义、现代主义平面风格的反叛，于20世纪90年代开始在青年设计师中流行。促成这种风格流行的另外一个原因是计算机设计的普及和发展，因为计算机能够随意地在版面上进行各种编排，因此设计师的各种想法可以轻而易举地得到表现，并促成版面上的"解构风格"出现。但是，解构主义并没有能够真正成为引导性的风格，它一直是一种知识分子的前卫的探索，具有强烈的试验气息。

## 六、新现代主义

设计上的发展主要有两条脉络，一是后现代主义的探索，二是对现代主义的重新研究和发展，它们基本是并行发展的。第二种方式的发展，被称为"新现代主义"，或者"新现代"设计。虽然有不少设计师在20世纪70年代认为现代主义、国际主义风格充满了与时代不合时宜的成分，必须利用各种历史的、装饰的风格进行修正，从而引发了后现代主义运动。但是，也有一些设计师依然坚持现代主义的传统，完全依照现代主义的基本语汇进行设计，他们根据新的需要给现代主义加入了新的简单形式的象征意义，如图1-42所示，是阿奎特克托尼卡设计集团于1985～1988年在弗吉尼亚设计的发明技术中心大厦就有着强烈的新的简单形式。

图1-42　发明技术中心大厦

这种依然以理性主义、功能主义、减少主义方式进行设计的建筑师，虽然人数不多，但是影响却很大。这种探索的方向，被称为"新现代主义"（New-Modernism）。自从20世纪80年代中期后现代主义式微以来，新现代主义对于设计发展方向的探索更加积极，其他因为具有现代主义的功能主义和理性主义特点，同时又具有其独特的个人表现、象征性风格，而被不少新的建筑师喜爱，从而得到很大的发展。20世纪80年代以来，新现代主义出现了一批新的力量，这批新人与70年代的"纽约5人"（著名的建筑师组合，包括约翰·海杜克、彼得·艾森曼、迈克尔·格雷夫斯、查尔斯·格瓦斯梅、理查德·迈耶）中的几个，以及贝聿铭等组成了一股非常强大的设计力量，这些设计师和设计项目，都是具有非常强烈的探索性和引导性的。图1-43是贝聿铭于1989年设计的法国罗浮宫前的玻璃金字塔，也是其非常典型的代表作品，这件建筑作品没有繁琐的装饰，只从结构和细节上遵循了现代主义的功能主义和理性主义的基本原则，但却赋予它们象征主义的内容，如玻璃金字塔的金字塔结构本身，不仅仅是功能的需要，还具有历史和文明象征的含义。图1-44是西萨佩里于1983～1987年在洛杉矶设计建造的太平洋设计中心，整体采用现代主义玻璃幕墙结构，使用绿色、蓝色和红色的玻璃，使简单的功能主义建筑，通过特殊的色彩表达出后现代主义象征的含义。

新现代主义是混乱的后现代风格之后的一个回归过程，其重新恢复现代主义设计和国际主义设计的一些理性的、次序的、功能性的特征，具有特有的清新味道。现代主义因为有长达几十年的发展历史，

图1-43　法国罗浮宫玻璃金字塔　贝聿铭

图 1-44　太平洋设计中心　西萨佩里

已经非常成熟。但因为风格单一和单调，而被后现代主义否定和修正，然而其合理内涵是难以完全否定和推翻的。新现代主义影响了平面设计，出现了新包豪斯风格特点，如工整、冷漠、讲究传达功能，但与包豪斯的强烈社会功能背景不同，新现代主义平面设计风格只是一种风格，而不再具有那种强烈的社会工程内容。

现代设计经过一百多年的发展，为我们创造了一个崭新的物质世界，从城市规划、建筑设计、产品设计到平面设计和服装设计，都受到它的深刻影响。现代设计在这 100 年中的变迁发展规律，对于设计的进一步发展，提供了很重要的借鉴；对于现代设计发展的研究，也有重大的意义，能够促进设计事业的发展。

工业时代以科学技术为支撑的机械化生产方式，从根本上改变了手工艺时代传统的工艺思想和方法，设计出符合制造技术标准和特点的产品，从而得到普及和发展，设计价值的社会意义开始得到根本体现。"外形追随功能"是"包豪斯"设计思想的重要原则之一，其造型因受到功能的制约，决定了现代工业产品设计"简约、抽象、单纯"的造型风格，在消费者的普遍认同和推崇中成为国际化的主流趋势（图 1-45）。但现代设计思想对传统手工艺造物思想的取代，也导致了对传统风格的抹杀，产品的个性特征开始在现代技术的加工方式中被削弱和丢失。因此，到了后工业时代，对产品形象风格的个性诉求（形态美的特征、人的情感、适宜性）便成为迫切的需要。

可以说，信息技术从根本上改变了人的生活方式和价值观，在设计中协调物质和精神的平衡，调整人——产品——环境——社会的关系。产品形象风格的艺术特质和个性化，成为人们情感交流的最好方式。设计风格带有明确的时代特征，伴随时代的发展而改变，

图 1-45 现代工业产品设计

这些正是其文化精神之所在。例如，随着电子科技、材料技术的迅猛发展，手机逐渐融入了许多以前计算机才有的功能；计算机也向轻、薄、小型化发展，出现了平板电脑、掌上电脑。在不远的将来，随着科技的不断进步，手机和计算机将逐步融合而诞生新的综合型产品（图 1-46）。

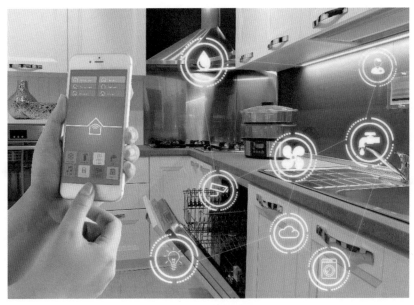

图 1-46 智能家居

**思考与练习**

1.根据本章对"风格"的产生与"风格"的概念定义,思考关于风格的概念与定义是否有内容补充或修正?

2.根据"风格"的发展进程内容,思考"风格"的产生是必然的吗?有没有其他的可能性?

3.尝试分析德国"包豪斯"、俄国构成主义设计运动及荷兰"风格派"运动之间的相互联系与影响。

# 第二章
# 影响风格的因素

# 第一节
# 文化因素

## 一、文化的概念

在汉语大词典中对"文化"的解释是："人类在社会历史发展过程中所创造的物质财富和精神财富的总和，特指精神财富，如文学、艺术、教育、科学等。"

世界各国对文化的解释还有很多，从众多的观点中可以看到共性，文化问题实际就是"人"的问题。人类在进化过程中，按照一定的尺度去改变环境、发展自己，这样的活动及其成果就是文化。英国人类学家泰勒在1871年出版的《原始文化》一书中说："文化或文明，就其广泛的民族学意义来说，是包括全部的知识、信仰、艺术、道德、法律、习俗以及作为社会成员的人所掌握和接受的任何其他的才能和习惯的复合体。"

### （一）广义的角度

从广义上来讲，文化是一个群体（可以是国家，也可以是民族、企业、家庭）在一定时期内形成的思想、理念、行为、习惯、代表人物，以及由这个群体意识所辐射出来的一切活动，涵盖面非常广泛，又称为大文化。文化可以分为物态文化层、制度文化层、行为文化层以及心态文化层四个层次（图2-1）。

#### 1. 物态文化层

由物化的知识力量构成，是人的物质生活及其产品的总和，是可感知的、具有物质实体的文化事物。如生活中使用的小电子产品、家电产品都属于这一层面。

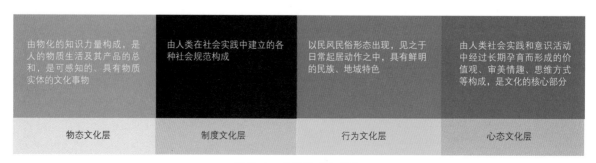

| 由物化的知识力量构成，是人的物质生活及其产品的总和，是可感知的、具有物质实体的文化事物 | 由人类在社会实践中建立的各种社会规范构成 | 以民风民俗形态出现，见之于日常起居动作之中，具有鲜明的民族、地域特色 | 由人类社会实践和意识活动中经过长期孕育而形成的价值观、审美情趣、思维方式等构成，是文化的核心部分 |
| --- | --- | --- | --- |
| 物态文化层 | 制度文化层 | 行为文化层 | 心态文化层 |

图 2-1　文化的四个层次

#### 2. 制度文化层

由人类在社会实践中建立的各种社会规范构成。包括社会经济制度、婚姻制度、家庭制度、政治法律制度，覆盖家族、民族、国家、经济、政治、宗教社团、教育、科技、艺术组织等。

#### 3. 行为文化层

以民风民俗形态出现，见之于日常起居动作之中，具有鲜明的民族、地域特色。

#### 4. 心态文化层

由人类社会实践和意识活动中经过长期孕育而形成的价值观、审美情趣、思维方式等构成，是文化的核心部分。

### （二）狭义的"文化"

从狭义上来讲，文化侧重精神创造活动及其结果，指社会的意识形态，特指精神财富，如文学、艺术、教育、科学等，同时也包括社会制度和组织机构。这种意识形态是人类各种意识观念形态的集合，也是人类文化精神不断推进物质文化的内在动力。

## 二、产品文化

人类社会的发展过程，也是人类文明的发展过程。文化在其中推动社会发展，推动物质文明建设，是人类创造和使用工具的动力，也推动了产品设计的发展。文化发展过程中，人类通过创造活动改造了环境，又通过改变行为的方式来适应改变的环境，文化加快了人类的适应过程。

产品是人类文化在发展进程中的产物，它涵盖了人的衣、食、住、行、用多个方面。文化对产品的影响无处不在，诸如服饰文化、饮食文化、茶文化、啤酒文化、建筑文化、家居文化、汽车文化、休闲文化……可见文化内容之宽泛。它以产品为介质融入了社会生活中，通过有形的产品传达无形的文化内涵。产品只有与道德、伦理、社会、民族、时代、艺术等建立复杂的联系，才能构成其丰富的文化内涵。增加产品的文化含量，也是提高产品附加值的重要方法。有文化内涵的产品设计，很容易就能被辨识出它来自哪个国家、民族、时代、品牌，甚至能辨识出它出自哪位设计师之手，这正是基于文化因素的综合体现，以及通过产品的表象外化的结果。

例如，法国奢侈品品牌LV（路易威登）的箱包设计极具辨识度，得益于经典LV老花纹的设计（图2-2）。它初创于1896年，在此后一百多年的历史中，箱包的外形不停地变化，但LV老花纹却一直被作为元素使用。不同年代的设计师根据当下流行的风潮做了配色、纹样大小、材料、质感的改变，但纹样的排列组合始终沿用，它成为LV品牌永恒的文化标志，也是传达企业文化、品牌价值、设计理念最直观的视觉符号（图2-3）。

塑造产品文化内涵的过程中，设计师将文化融入产品设计创新之中，在设计过程就充分考虑产品的文化功能和使用者的文化心理，由两者共同体现出产品的文化精神，才能赋予产品一定的文化情调。

图 2-2　LV老花纹　　　　　　　　　　图 2-3　LV老花纹的再设计

# 三、文化对设计的影响

产品设计是一项社会性的创造活动，它植根于人类的社会生活，不同环境、经济、政治、历史、人口数量等条件的改变，会改变设计师及消费群体对于产品功能、结构、审美及文化内涵的认知，最终产品的表现形式也会千差万别。各国民族的传统文化代代相传，形成了具有历史延续性的风格和社会认知度，是对民族传统、民族审美观念与审美心理的文化背景的反映，会直接影响设计的导向。以下所列举的几种特点鲜明的设计风格，它们不同程度上都受到各国民族文化的影响，呈现出不一样的风格特点。

## （一）日本现代设计

在第二次世界大战后，日本受美国等西方发达国家及本国传统文化习俗的双重影响，推行的是设计的双轨制。一种是没有被改变的偏向民族化的、传统的，谦逊而内敛的风格，例如日本的和服（图2-4）；另一种是受西方外来文化影响的现代的、国际的、发展的，简洁而精致的设计风格，例如深泽直人的壁挂式CD机的设计（图2-5）。在现代和传统并行发展的过程中，两种风格虽然互不干预，但是也会出现互相借鉴的时候，当高度的现代化与民族化相结合，就形成了传统设计与现代设计完美结合的日本现代设计风格。

图2-4　日本和服

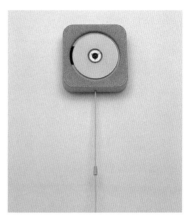

图2-5　壁挂式CD机　深泽直人

## （二）斯堪的纳维纳风格

"斯堪的纳维纳风格"的产品设计具有独特的设计特点，它体现了传统的民间思想与现代设计的结合，保留了本土的手工艺术和传统的文化底蕴，它注重产品的人性化和功能性，追求价格低廉且具有良好体验的设计风格。斯堪的纳维亚地区主要包含芬兰、挪威、丹麦、瑞典和冰岛这几个国家，"斯堪的纳维亚风格"中的功能性主义，主要受这些国家中简单、实用的传统设计理念以及普通大众对设计需求的影响，设计中以简单、简约为主，要求实用并且突出功能性。如图2-6所示，瑞典设计师卡特琳娜·凯佩尔的作品——Cobalt蓝白色调陶瓷杯具设计，配色经典、功能朴实，使得它在市场上流行了半个世纪。另外，芬兰设计大师艾洛·阿尼奥的小狗玩具（图2-7）、丹麦设计师

图2-6　Cobalt蓝白色调陶瓷杯具设计　卡特琳娜·凯佩尔

图2-7　小狗玩具　艾洛·阿尼奥

保尔·汉宁森设计的灯具PH灯（图2-8），都体现出了斯堪的纳维亚地区的设计特点。

图 2-8　PH 灯　保尔·汉宁森

### （三）中国设计风格

中国的设计风格受中国传统文化的影响较深，从建筑、家具、服饰、书画、瓷器等可窥见一斑。中国文化博大精深，具有历史的延续性，各朝各代的文化元素丰富。"中国元素"体现了中华民族独特文化内涵、精神气质和美学意蕴，是中国传统思想与价值观的符码，是塑造中国设计风格的重要手段。天人合一、形神兼养讲究人与自然的和谐，强调从整体出发去进行设计，是我国古代设计思想的精华。中国的设计风格就是藉由中国的设计思想融入中国元素而形成的。图2-9是中国香港设计师陈幼坚的设计作品，它以中国传统的书画艺术为元素融入西方科技产物钟表的设计中，以水墨的黑白两色为基调，红泥印章纹样进行装饰，犹如一幅中国书法作品。分针转动时，巧妙地重叠在数字刻度上，组成完整的数字，浅灰色的时针则化身为"阳光下的投影"，作品呈现出浓厚的中国风格。

图 2-9　钟表设计　陈幼坚

## 四、文化如何融入设计

文化，可以说是个看不见摸不着的东西，但是它却以其巨大的力量左右着人们的方方面面，人类创造了文化，反过来，文化也影响着人类发展的进程。它以一种意识形态存在于我们的生活中，对于不同群体、不同地域、不同宗教都有不同的表象。要塑造设计的文化内涵，需从以下几方面着手。

### （一）要了解设计所处的文化环境

文化环境指社会的结构、风俗和习惯、信仰和价值观念、行为规范、生活方式、文化传统、审美观念、人口规模、地理分布等因素的总和。只有了解文化环境，形成的设计观念才能与产品设计创意关联，这个过程也是产品文化内涵塑造的必经过程。

### （二）要抓住文化的精髓

文化具有多样性、多元性、隐蔽性，只有透过复杂的表象找到文化的构成、特征、性质和要素，才能探求到文化的精髓，而文化精髓是激发设计创意的灵感和指导内容。例如，"比亚迪"品牌"宋"这款汽车的设计，表面上看到的是中国自有品牌的新能源汽车，从文化的角度看汽车的外观设计从中国"龙"提取了元素，推出 Dragon face 的前脸设计方案，与"王朝"主题在寓意上契合，外观线条的抽象提炼既考虑美感也考虑汽车功能性，体现出中国传统文化与西方美学规则的完美结合（图 2-10、图 2-11）。

### （三）要站在文化的角度审视设计

从文化的视角来观察和分析设计，能够更全面地认识和理解设计。这个过程其实是个反观设计的过程，包含两个角度：其一，设计师从

图 2-10　比亚迪"王朝"系列设计

图 2-11　比亚迪"宋"设计

文化的高度来审视设计，从而进行设计的评价，能够对设计进行有深度的推敲和完善；其二，对于研究设计、学习设计的群体而言，反观的角度是提升设计观察、思辨、分析能力的过程，能更有深度地认识设计和理解设计。

# 第二节
# 社会因素

## 一、人类社会

早在一万年前人类就已经有了群体生活，渺小的人类群居在一起共同生活，通过合力来对抗大自然，于是出现了劳动分工和社会分工，因此逐渐形成了家庭、部落乃至国家。这种群体的集结关系是人类社会的雏形。

社会是个非常宽泛而复杂的系统，它是生物与环境形成的关系总和。人类社会特指生活在社会环境中的全部人类的总和。人们为了共同的利益、价值观和目标形成大大小小不同的联盟，如国家、军队、社区、公司、学校等，所有的团体以错综复杂的关系联合起来，就构成了人类社会。

## 二、社会生活

社会生活指人类社会的生活系统。广义的社会生活中与经济生活、政治生活、精神生活相对应的社会生活，就是指社会日常生活。主要表现为个人、家庭及其他社会群体在物质和精神方面的消费性活动，包括吃、穿、住、行、用、娱乐、体育、社交、学习、婚姻、风俗习惯、典礼仪式等广泛的领域。如图2-12所示，可以直观地表达出社会生活跟人、产品、社会环境之间的关系。

满足社会生活的需求，是产品开发的主要原因。好的产品设计能为生活带来便捷，让繁重的体力劳动变简单，为生活提供更多解决问题思路，它的价值是在社会生活当中得到体现的。社会生活的需求具有多样化、多层次的特点，既有使用功能上的不同要求，也有欣赏、身份象征上的诸多差异性，产品的价值正是社会生活综合因素的体现。

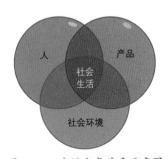

图 2-12 生活方式关系示意图

对社会生活的研究能为产品开发提供源源不断的创新思路。

很多国家成立了专门研究生活方式的研究机构，以从事多样性、多元化生活方式的研究，从中探寻服务于人类生活及产品创造的新价值。

## 三、研究角度

### （一）从新的生活方式角度

从新的生活中去了解各种消费群体的需求，探索新的生活方式和价值观。从消费者和使用者的角度去研究物品的功能和价值。例如，最近热门的5G技术会给我们的生活带来哪些改变，我们的生活方式是否会发生大变化？这或许会成为产品设计的下一个热门议题。

### （二）从社会生态的角度

科技发展催生出各种电子、电器产品，人们的生活方式发生了翻天覆地的变化，汽车、高铁、飞机改变了人类出行的距离与速度，风扇、空调、暖气改变了建筑体内的温度。在获取产品提供的舒适、便捷功能的同时，地球资源也在被大量地消耗掉，对社会生活环境、大自然环境造成不同程度的破坏。因此，近年来开始提倡可持续的产品设计（或叫绿色产品设计、清洁设计），它指在设计产品时就考虑降低其整个生命周期内的成本和对环境的影响，满足生活需求的同时也要满足生态的维系。从社会的总体效益出发，从社会与生态关系平衡的角度对生活方式进行研究与再规划，然后对具体的设计作宏观的指导，走可持续发展的道路，这也是未来产品设计的必然趋势。

#### 1. 闲暇时间的生活方式研究

生活中除了劳动时间外，还有学习、娱乐、健身、旅游等。为闲暇时间而创造的产品数量很多，如音响、自平衡车、iPad这些工作之余常用的电子产品，户外旅行用的户外手电、帐篷、登山杖等。对闲暇时间生活方式的研究可从如何提高享受、提高个人自身发展这两个方向着手，产品设计也应以建立文明、健康、科学的生活方式为目标。

#### 2. 使用者的使用情境研究

使用者在使用产品过程中，具有习惯、环境、时间等各种条件的差异性，例如，雨伞在雨天使用，遮雨是它的主要功能，但我们在晴天用来遮阳光，在一些国家的观念里却是无法理解的（图2-13）。中国、美国、俄罗斯、法国等国家的驾驶座在驾驶舱左侧靠马路右侧行驶，而英国、爱尔兰等一些国家则是右舵靠左行驶。所以，研究产品使用情景时，只有区分不同生活方式的群体对产品的需求，才能找到新的设计创新点。

图 2-13　雨伞在晴天与雨天的不同功能

### 3.生活方式的多方位研究

人类的生活方式根据群体划分的不同而存在很大的差异性、多样性。包含工作生活、闲暇生活、消费生活、家庭生活、儿童生活、青年生活、成年人生活、老年人生活、残障人生活、农村生活、城市生活等，要从多个角度对生活方式进行观察。例如对老年人的生活研究，不但包括老年人的心理、生理、消费习惯、社会交际、养老模式、养老保障等，还应当从老年用品的研究、居住空间的研究、养老机构设施的研究等展开。而越深入、越细分的研究，越能发现独特视角，产品解决的问题也越具有针对性。图 2-14 为专为老年人而设计的侧开门浴缸。

图 2-14　老年人侧开门浴缸

## 第三节

# 经济因素

对于企业来说，投入成本进行产品开发的最终目的是从中获取更大的利润（图 2-15）。经济因素左右着产品开发的过程和质量，它与产品开发的关系密切而复杂。产品结构、产品零配件材料、表面处理、工艺水平要求的高低决定着产品的品质和成本控制的问题；产品的功能、性能、档次、价格要求的高低决定着产品的利润；产品的品牌、市场占有率、市场定位决定着企业的营销目标和经济收益。反过来，经济投入的多与少对产品的品质、功能、性能、档次、价格和市场定位也起着决定作用。

图 2-15 企业、产品、消费者之间的经济关系

## 一、经济的概念

经济是价值的创造、转化和实现，人类的经济活动就是创造、转化、实现价值，是满足人类物质文化生活需要的活动。

更通俗地说，经济就是生产生活上的节约、节俭，节约包括节约资金、物质资料和劳动等，即用尽可能少的劳动消耗生产出尽可能多的社会所需的成果。节俭指个人或家庭在生活消费上精打细算，用消耗少的消费品来满足最大的需要。经济的核心思想是用较少的人力、物力、财力、时间、空间获取较大的成果或收益。

产品开发中的经济概念指宏观经济形势、市场经济状况、消费者收入分配、产品价格成本等影响产品规划、开发、销售、使用的有关的经济问题。

## 二、市场经济

市场为产品竞争提供了环境，市场经济就是商品经济，交换与竞争是市场经济的活动，市场经济环境为各个企业的产品提供了一个公平竞争的环境。

产品生产出来后，要进入市场进行交易，与众多的同类产品同台竞争。早期人类"以物易物"的交换过程中，单一的需求就能促成交易的完成。在市场经济环境复杂的当下，"等价交换"的动机除了满足需求外还包含复杂的内容，如产品的耐用度、口碑、维修服务、时尚元素、品牌知名度等，复杂的产品评价体系，已经不再以功能作为唯一标准。产品开发只有紧随市场消费需求的变化，才能创造出具有竞争力的产品。产品竞争实际上也已转变成生产经营者之间综合素质的竞争，产品具有竞争力是企业创新能力的综合反映。

经济是一种动态、平衡的关系，生产是基础，消费是终点。产品开发的过程是生产的过程，消费过程是产品体现价值的过程。市场经济则是商品交换、竞争的过程，产品开发需要遵循市场优胜劣汰的规律。在市场竞争过程中，产品要想保持竞争优势，就必须做到"以市场为导向，以客户为中心"。产品开发过程要以市场经济为导向，了解市场规律变化从而把握市场新动态，了解顾客群体的消费需求变化，才有可能设计出具有市场竞争力的新产品。

产品的竞争力是企业生存和发展的根本。产品在市场竞争中要立于不败之地，产品开发过程应遵循市场竞争过程中的一些规则。

（1）市场竞争中，产品生产者要提供质量合格的产品，保证消费者的利益。产品的质量是产品具有市场竞争力的关键，如果企业生产的产品质量差、缺少认可度，在竞争中必然处于劣势。反之，好的产品质量会增加产品的好感度、增加产品的销量，为企业带来更多的利润，使企业具有更强的竞争力。

（2）具有创新度的产品在市场竞争中能立于不败之地。产品是企业的生命，新产品是企业生命的强生素。一些百年老店之所以延续旺盛，历久不衰，就是得益于不断推陈出新。新产品具有新创意，从新科技、新材料、新工艺、新风潮、新的生活方式等角度来发掘产品创意，才能不断设计出具有市场竞争力的创新产品。

（3）市场竞争对产品的发展起到正向促进作用，在激烈的市场竞争环境下，企业为了保持市场竞争优势，要不懈地研发新产品、改进旧产品、淘汰过时产品，使企业保持生命力。

（4）要遵守市场监督与管理制度，保证生产经营者和消费者的利益。生产遵守监督和管理，企业保证商品的质量，建立质量保证体系，提高产品的合格率，不销售不合格产品。建立从产品到商品的监督投诉制度，建立信誉制度，并和生产者、经营者的利益挂钩，制约损坏消费者利益的行为。

（5）产品开发过程要遵守市场经济中的法律，不损害其他企业及广大消费者的利益。诸如制造假冒伪劣产品、偷窃知识产权等属于违法行为，应绝对禁止。

# 第四节

# 科技因素

## 一、科技的概念

科技即科学技术，包含科学和技术两个概念，它们虽属于不同的范畴，但两者之间相互渗透，相辅相成，有着密不可分的联系。科学是技术的理论指导，技术是以科学的理论为基础结合生产实际进行开发研究得出的新方法、新材料、新工艺、新品种、新产品等。技术是科学的实际运用，在技术开发过程中所出现的新的现象和提出的新问题，可以扩展科学研究的领域。

近代科学技术的进步，有力地促进了资本主义的机器工业和社会化大生产的发展，马克思明确提出了"科学技术是生产力"的观点。科学技术就其生产和发展过程而言，是一种社会活动，是由生产决定的。就其内容属性而言，科学技术是一种生产实践经验和社会意识的结晶；就其实际的功能而言，科学技术是以知识形态为特征的"一般社会生产力"和"直接生产力"。

## 二、科学技术与产品设计的关系

科学技术的每一次革命，都对设计有决定性的影响。在手工生产时期，对劳动工具结构的改进，能够提高劳动效率和产品质量；工业革命时期，出现大规模的机器生产，设计与生产过程相分离，手工艺人角色分化，在工业化的背景下形成了现代设计；第二次世界大战后欧洲工业复苏，科学技术有了飞速发展，1947年晶体管的发明促成了集成电路的出现，随后被大规模地应用于电子产品部件中，使电子产品的尺寸可以做得很小，产品从结构到外观都有了很大的变化，小型化成为20世纪60、70年代产品追求的标准，日本SONY公司创造的Walkman随身听是当时最具代表性的产品（图2-16）。信息时代科学技术高速发展，计算机、互联网、手机、笔记本电脑、无人机……科技产品设计空前大爆发，便携、轻小、人工智能、多功能、人性化、环保成为产品新的标准。

科学技术的发展影响着产品设计，同时也改变着人们的生活方式。

图 2-16 Walkman 随身听
日本 SONY 公司

例如，电视机的出现，将世界各地的信息以图像、声音的方式带到家庭中，家庭成员围坐在电视机前一起观看电视节目的过程促进了家庭成员之间的沟通，一天中用于接触外界信息的时间变得更长，信息获取的渠道也变得更直接、高效。（图2-17）。又如，洗衣机的发明节省了洗衣时间，让女性从繁重的洗衣劳动之中解脱出来，女性从此有时间阅读、外出打工等做些家务以外的事情，它改变了家庭妇女的生活状态，奠定了现在白领女性的社会基础。

图 2-17　1932 年德国柏林最早的阴极射线管电视机

## 三、科技对产品规划的影响

### （一）促进社会经济结构的调整

每一种新技术的发现、推广都会给有些企业带来新的市场机会，并促使新行业的出现。同时，也会给某些行业、企业造成威胁，使这些行业、企业受到冲击甚至被淘汰。例如，计算机的普及代替了传统的打字机，复印机的发明排挤了复写纸的市场，数码相机的出现夺走胶卷的绝大部分市场，网络大数据的出现让各地的价格变得透明。市场的变化总是伴随着新的市场机会，跟紧技术发展的大潮流才能找到新的发展机会。

### （二）使消费者购买行为发生改变

随着多媒体和网络技术的发展，出现了"淘宝商城""微商""海淘""直播带货"等购买形式。移动通信技术的应用，出现了"手机支付""刷脸支付"等新型支付方式。出行前通过手机端APP购买高铁票、飞机票、电影票、景点门票，不用排队等待的购票方式也是受惠于技术的发展。很多企业抓住时代发展的契机，推出了线上网店与线下实体店相结合的售卖方式，以此紧跟消费行为改变的步伐。品牌、商品的广告方式也从传统电视、户外广告转场互联网，网站、APP、自媒体等广告投放的新平台，与快速增加的网购现象密不可分。科技的发展为消费方式提供了新的更便捷的方式，也促使购买行为发生变化。

### （三）影响企业产品开发组合策略的创新

科技发展使新产品不断涌现，产品生命周期明显缩短，这就要求企业必须关注新产品的开发，加速产品的更新换代。科技手段的运用降低了产品成本，使产品价格下降，并能够快速掌握价格信息，因此，企业应及时做好价格调整工作。科技发展促进流通方式的现代化，要求企业采用顾客自我服务和各种直销的方式，如无人商店、社区团购群等。科技发展使广告媒体更多样、信息传播更快速、市场环境更广阔、促销方式更灵活，也要求企业不断分析科技新发展，变化产品开发组合的策略，使产品开发适应市场形势的新变化。

### （四）促进企业产品开发管理的现代化

科技发展为产品开发管理部门提供了必要的装备，如计算机、打印机、扫描仪、传真机、硬盘等。网络信息技术为企业提供了网络信息，如消费大数据、健康大数据等。信息技术发展对产品开发管理最大的贡献在于管理软件的应用，如考勤软件、市场调研软件、生产管理软件、远程洽谈软件等，它能帮助管理人员准确、高效地完成复杂的工作。设备、信息和软件的应用，对改善企业产品开发管理、实现管理现代化起到了重要的作用。管理水平的提高，使产品开发流程的管理水平提高，设计管理人员需要不断更新观念、学习新的管理理论和方法，才能提高产品开发的管理水平。

## 四、科技对产品开发的影响

科技的革新往往跟随着新产品的出现，它是引领产品开发的重要因素。新产品又反过来为科技的发展提供物质基础，它们相互成就。在科学技术中，信息技术、工程技术、材料科学对产品设计的影响尤为重要。

### （一）使产品设计过程发生革命性变化

信息技术的发展，将产品设计带入一个全新的发展领域，使产品设计过程发生了革命性的变化。在网络和计算机辅助下通过构建产品数据模型，全面模拟产品的设计、制造、装配、分析的过程，提高了产品设计的效率，更新了传统的设计思想，降低了产品开发的成本，缩短了产品开发的周期。信息技术的发展对产品设计内容的影响也很大，微处理器的出现使设备变得更轻小、便携，使移动设备具有了远程操控、人工智能等功能。这样，设计师可以在较大的空间尺度变化范围内使产品形态设计得更多样化。

### （二）材料科学的发展在很大程度上影响着产品设计

材料作为产品设计的主要组成要素，它的选择决定产品的外形加工风格、使用寿命、生产成本、销售状况。不同的材料特性、加工技术水平对产品形态有一定的影响。例如，早期的打印机、电冰箱、电视机形体较大、平面直线较多，都是受制于加工水平落后。而金属冲压成型技术的发展，可以获得大面积的、流畅的曲面，这给产品的形态设计向曲线、曲面发展提供了技术支持。新材料的出现对产品设计的外观、结构、性能都有影响，如布劳耶设计的瓦西里椅子、贝伦斯设计的不锈钢八角水壶、邓洛普公司设计的橡胶轮胎，都是特定时代新材料的设计应用典范（图2-18～图2-20）。新材料在为产品设计提供设计灵感的同时，产品也赋予了材料不同的作用，使其进入消费者的视野。

图2-18 布劳耶设计的瓦西里椅子

### （三）工程技术的发展改变产品生产的方式，也影响产品开发的过程

传统的产品生产是工业革命以来所形成的大批量的机械化生产，这种生产方式通过模具能够生产出一模一样的产品，保证了产品质量、提高了加工效率、降低了生产成本。但是模具制造方式也存在一定的问题，如鞋的尺码都是固定几个尺寸的模具，但是消费者千变万化的脚型与运动习惯对尺码与鞋型都有个性化的需求。此外，当市场的需求快速改变时，生产系统却无法及时有效地进行调整，容易造成生产线滞后于市场需求的局面。生产技术发展到现阶段，快速成型技术、3D打印技术的出现，使智能化制造也成为现实。

图2-19 贝伦斯设计的不锈钢八角水壶

快速成型技术是在计算机端输入程序，通过自动控制和调节随时改变机器的工作程序，从而快速改变产品的款式、型号，根据不同的需要生产不同款式的产品。原来那种大批量、标准化的刚性生产方式变成小批量、多样化、灵活的柔性生产方式。同样一套制造系统可以灵活地生产各种产品，从而极大地缩短了从设计到生产的过程，使产品生产能够快速调整以满足需求多变的市场。

图2-20 邓洛普公司设计的橡胶轮胎

3D打印技术实现了个性化制造模式，是一种通过在计算机端输入模型数据，进行个性化立体实物制作的技术，它能实现多种材料的打印，体现了设备小型化、智能化、个人化的特征。3D打印技术使产品的个性化设计与生产成为可能，消费者可以根据自身条件、喜好甚至不同的产品使用情景自行进行设计与生产（图2-21）。

 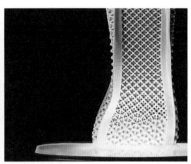

图 2-21　3D 打印技术打印的鞋底

# 第五节

# 生态因素

## 一、生态环境

生态环境是生态和环境两个名词的组合。"生态"源于古希腊文字，原来是指一切生物的状态，以及不同生物个体之间、生物与环境之间的关系。德国生物学家E·海克尔于1869年提出生态学的概念，认为它是研究动物与植物之间、动植物及环境之间相互影响的一门学科。但是后来提及生态术语时所涉及的范畴越来越广，特别在国内常用生态表征一种理想状态，出现了生态城市、生态乡村、生态食品、生态旅游等提法。环境一词泛指地理环境，是围绕人类的自然现象的总和，可分为自然环境、经济环境和社会文化环境。

生态环境是指影响人类生存与发展的水资源、土地资源、生物资源以及气候资源数量与质量的总称，是关系到社会和经济持续发展的复合生态系统。生态环境问题是指人类为其自身生存和发展，在利用和改造自然的过程中，对自然环境破坏和污染所产生的危害人类生存的各种负反馈效应。

蒸汽机的发明拉开了人类工业革命的序幕，在人类工业革命高速发展的 200 年时间里，人类的生存环境也遭到了巨大的破坏。开采用于炼铁的铁矿、工业废水排回湖泊和大海、炼制汽油需要向大海不断地抽取石油、塑料制品报废成为垃圾、供给暖气需要燃烧煤炭、农业生产需要大量使用肥料、城市的扩张需要开山伐林……这一系列是工业社会发展的行为，它既为人类带来了现代的生活享受，也对环境造成了破坏。反过来生态环境的破坏也威胁着人类的生存，如空气污染、水污染、资源枯竭、气候变暖、沙漠化等。人类不得不关注自身与自然生态环境的协调问题，反省人与自然的关系。

近年来，环境保护问题越来越受到关注国内外也因此作了大量举措。联合国召开了"联合国环境与发展大会"，提出了"可持续发展战略"，并通过了《地球宪章》，制定了环境与发展相结合的方针，标志着人与自然和谐发展达成全球共识。我国在环境保护方面也作了很多工作，颁布了《环境保护法》《大气污染防治法》《水污染防治法》等多项环境保护法规及措施。例如，我国从 1959 年开始对陕西省榆林市毛乌素沙漠进行治理，历经半个多世纪，卫星地图上已显示毛乌素沙漠有 600 多亩沙漠变成了绿洲（图 2-22）。

图 2-22 沙漠变绿洲的毛乌素

## 二、绿色设计

产品从设计环节进入生产，就进入了物质消耗的过程，这个过程如果存在对环境的负面影响，它的危害将旷日持久。面对日益严峻的环境问题，设计师们以冷静、理性的思辨态度来反省工业设计的历史进程，从深层次来探索工业设计与人类可持续发展的关系，力图通过设计活动，在人——社会——环境之间建立协调发展的机制，"绿色设计"的概念应运而生，成为当今工业设计发展的主要趋势之一。

如图 2-23 所示，"Living Green"是一种用天然稻草压制成的鸡蛋包装盒，它是通过干燥、切割和排列，与粘合剂混合，最后通过压制、成型和干燥的过程而制成的。采用"草成型"技术制成的产品，环保、

图 2-23 "Living Green"鸡蛋包装盒

无污染且可生物降解。它们还代表了材料创新在制造日常产品方面的可能性。使用经过彻底干燥和加工的草制成的包装可提供强大的压力保护。在美学上，"Living Green"散发出明亮而新颖的视觉氛围，除了提供实际用途外，这种看似不起眼的材料带来了好奇，这样摆放的鸡蛋就像是刚从草窝里拿出来的新鲜鸡蛋。真实的草的触感和气味将人们的想象力直接送到了有新鲜空气的大草坪上。

绿色设计也称生态设计、环境设计、环境意识设计，命名不同但是内涵是一致的。它是指在整个产品生命周期内着重考虑产品环境属性，如可拆卸性、可回收性、可维护性、可重复利用性等，并将其作为设计目标，在满足环境目标要求的同时，保证产品应有的功能、使用寿命、质量等要求。

绿色设计与传统设计的区别在于，它在设计之初就将环境因素和预防污染措施纳入产品设计中。在产品开发流程中，从材料的选择、生产、加工流程到产品的运输、包装等方面都要考虑资源的消耗和对环境的影响，寻找和采用尽可能合理和最优的方案，使资源消耗和对生态环境的影响降到最低。

绿色设计的内容包括绿色产品设计的材料选择与管理、产品的可拆卸性设计、产品的可回收性设计、产品包装与宣传的合理性。

### （一）产品材料的选择与管理

（1）选择过程要遵守环保法规，选择符合环保标准的材料。绿色设计应采用生态材料，即其使用的材料不能对人体和环境造成危害，要做到无毒害、无污染、无放射性、无噪音，从而有利于环境保护和人体健康。

（2）尽量减少材料使用量，减少使用材料的种类，特别是不可再生资源、稀有贵重材料及有毒材料，鼓励使用可降解材料和易于再生资源。表现在产品设计上，满足产品基本功能的前提下，除合理选择材料外，设计要适合材料的结构，尽量简化产品结构，并考虑产品零部件材料最大限度的再利用。

（3）减少或不将有害成分与无害成分的材料混在一起，成型工艺过程避免造成环境污染，应考虑废水、废气、废渣的循环再利用，排放时也要符合环保标准。

（4）到寿命周期的产品，有用部分要回收再利用，不可用部分要用一定的工艺方法进行处理，使其对环境的影响降到最低。

## （二）产品的可回收性设计

（1）综合考虑材料回收的可能性、回收价值的大小、回收的处理方法等。

（2）使用标准化、模块化的零部件，有利于报废后的回收利用。

（3）设计时应考虑零部件拆卸和分解，产品报废后可以回收或再生。

（4）在可能的情况下应考虑废弃材料的使用，如拆卸下来的木材、五金等，减轻垃圾填埋的压力。

（5）将产品的功能与价值贯穿全生命周期直至废弃的全过程。

（6）不过度装饰产品，考虑产品报废后可用部件、材料的回收处理过程。

## （三）产品的可拆卸性设计

（1）产品在设计之初，就要充分考虑产品结构利于装配和拆卸，方便维护，方便产品报废后重新回收利用。

（2）考虑产品在运输过程中的可分解结构，为运输过程提供方便。

（3）考虑产品在迭代过程中，个别部件的替换，能有效节约产品开发成本。

## （四）产品包装与宣传的合理性

（1）不过度包装产品，将产品包装降到最低限度，减少包装材料的浪费，包装工艺不应对环境造成污染，包装过程消耗掉的人力、物力、时间成本也要综合考虑。

（2）产品宣传应合理，倡导绿色环保方式的宣传方式。作为一位设计师，应该以身作则，将环境保护作为设计的标准，提高自己的环保意识。新能源、新工艺的不断涌现，为产品设计带来了很多的新创意，设计师应站在生态环境保护的角度来思考产品设计的可持续发展，创造出新颖、独特、绿色的产品。


**思考与练习**

1.文化、社会、经济、科技及生态等都是影响"风格"产生、发展及路径的因素，除了以上的因素之外，思考还有其他哪些因素可以对"风格"产生影响？

2.在全球经济一体化中，"风格"在其中所起到的作用与推动有哪些体现？

# 第三章
# 设计师与风格

# 第一节

# 设计组织与风格

## 一、孟菲斯设计

1981年，以索特萨斯为首的设计师们在意大利米兰组成"孟菲斯（Memphis）集团"，他们反对单调冷峻的现代主义，提倡装饰，强调手工艺方法制作的产品，并积极从波普艺术、东方艺术、非洲及拉美的传统艺术中寻求灵感（图3-1）。孟菲斯派对世界范围设计界的影响是比较广泛的，尤其是对现代工业产品设计、商品包装、服装设计等方面都产生了广泛的影响。索特萨斯认为设计就是设计一种生活方式，因而设计没有确定性，只有可能性；没有永恒，只有瞬间。

索特萨斯设计的博古架是孟菲斯设计的典型，它色彩艳丽，造型古怪，看上去像一个机器人（图3-2）。孟菲斯设计没有发表主张宣言，因为他们反对任何限制设计思维的固有观念，他们将大众原本视为错误的观点放入设计中，并将其塑造为一个"无法无天"的运动，为的是庆祝这个不受拘束的创意探索。

孟菲斯设计具有以下鲜明的特点：

### （一）几何特征明显

孟菲斯设计强调几何结构，强调随机的趣味性，在构图上往往打破横平竖直的线条，采用波形曲线、曲面和直线、平面的组合来取得意外效果。

图3-1 "孟菲斯集团"成员

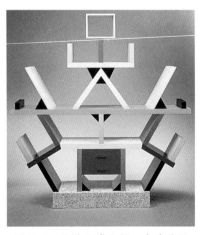

图3-2 孟菲斯博古架 索特萨斯

### （二）颜色多样化

强调颜色的更多可能性，颜色亮丽轻快，充满几何元素，构图乱而不杂，跳跃感与韵律感交织。

### （三）打破传统

常用新型材料、响亮的色彩和富有新意的图案（包括截取现代派绘画的局部）来改造一些传世的经典家具，显示了设计的双重译码，既是大众的，又是历史的；既是传世之作，又是随心所欲。

### （四）具有舞台布景般的非恒久性特点

孟菲斯设计尽力表现从天真滑稽到怪诞离奇等不同情趣，展现各种富于个性化的文化内涵。在色彩上，常常故意打破配色规律，喜欢用一些明快、风趣、彩度高的明亮色调，特别是粉红、粉绿等艳俗的色彩（图3-3）。

图 3-3　孟菲斯设计

## 二、楚格设计

楚格设计中的楚格为英文"Droog"，是指"dry"干燥的意思，代表着简约不乏味、一目了然的设计，以直接的方式传递概念，不走虚张声势、矫揉造作的路线，也就是不露感情地使设计产生意义。由设计师海斯·贝克（Gijs Bakker）和艺术史艺评家芮妮·雷马克斯（Renny Ramakers）在1993年成立于荷兰阿姆斯特丹，最具代表的作品包括牛奶瓶灯、85颗灯泡吊灯等（图3-4、图3-5）。楚格设计延伸归纳出再生、开放式设计、似曾相识、必然的装饰、简约、讽刺、肢体语言、经验、无止尽的融合以及形随过程等10种类型概念设计理念，它不是单纯的品牌、家饰产品的设计团队，而是通过设计对文化、生活提出批判和反思。

提欧·雷米（Tejo Remy）设计的抽屉五斗柜，取自再生、回收价值的概念，将旧家具的抽屉用束带捆绑重组，每个抽屉各有特色和深藏的回忆，因此取名为"放不下你的记忆"（图3-6）。

图 3-4　牛奶瓶灯　　　　图 3-5　85颗灯泡吊灯　　　　图 3-6　"放不下你的记忆"五斗柜　雷米

海克特·席兰诺（Hector Serrano）设计的衣架灯，通过消费者把每天穿的衣服转换成灯饰。马里恩·凡德波尔（Marijn vander Poll）设计的"敲敲乐椅"（Do Hit Chair），也是开放式设计概念，让顾客自己动手做椅子造型（图3-7）。

马塞尔·万德斯（Marcel Wanders）的"绳结椅"（Knotted Chair），将材料的特质，巧妙且惊叹运用到最佳的形式之中（图3-8）。

楚格设计不只是一个品牌，它是一种内在的态度，将功能、形式及乐趣的概念加以消化整合后，对我们所处的环境以及态度做出批判。

图 3-7　"敲敲乐椅"　　　　　　　图 3-8　"绳结椅"

图 3-9　单人沙发设计

设计师所设计的产品为设计领域提出了许多与设计本身关系密切的问题及挑战，而这些作品置疑了一些基本的、永远无法被满足的设计概念，如：新奇、独特、个性以及实用性，为文化及社会提出了另一种视角（图3-9）。

# 第二节

# 产品设计师

## 一、迪特·拉姆斯

图 3-10　迪特·拉姆斯

迪特·拉姆斯，著名德国工业设计师，1932年5月20日生于德国威斯巴登，1947年在威斯巴登工艺学校建筑学专业学习，1956年开始为德国博朗公司计产品，1961年成为博朗公司产品设计和发展部门的领导（图3-10）。

拉姆斯曾经阐述他的设计理念是"少，却更好"（Less，but better），与现代主义建筑大师密斯·凡·德·罗的名言"少即是多（Less is more）"对比出有趣的意涵。他与他的设计团队为博朗公司设计出许多经典产品，包括著名的留声机SK-4（素有"白雪公主之棺"之昵称）、高品质的D系列幻灯片投影机D45和D46，以及为家具制造商——"Vitsoe"设计的606万用置物柜系统（1960年）（图3-11）。

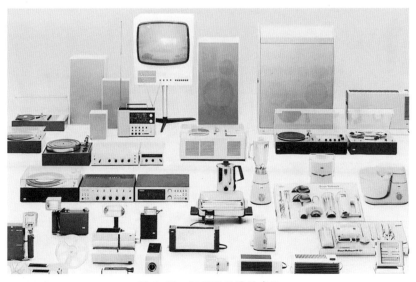

图 3-11　拉姆斯设计的产品

拉姆斯的许多家电产品与办公产品设计，如咖啡机、计算机、收音机、视听设备等都成为世界各地博物馆的永久收藏，包括纽约的现代艺术博物馆。迪特·拉姆斯领导博朗公司的设计部门将近30年，直到他在1998年退休。拉姆斯将系统设计方法在实践中不断完善，并推广到家具乃至建筑设计，使整个空间有条不紊，严格单纯，成为德国的设计特征之一。

系统设计形成的完全没有装饰的形式特征，被称为"减约风格"，色彩上主张采取黑、白、灰中性色彩。拉姆斯认为单纯的风格只不过是解决系统问题的结果，如何提供最大的效率并"清除社会的混乱"才是他所关注的，他的作品无一不在关注这个问题的解决，如图3-12所示。他也因此被设计理论界称为"新功能主义者"。拉姆斯的设计风格与理念，对今日的苹果电脑产品与其设计师乔纳森·埃维都表现出

图 3-12　博朗公司拉姆斯设计的产品

显著的影响。在工业设计纪录片Objectified中，拉姆斯表示苹果是唯一一家遵循他"好的设计"原则去设计产品的公司。

拉姆斯提出，"好的设计"（Good Design）应具备以下十项原则。

（1）创新的——创新。优秀的设计应该是创新的。创新的可能性永远存在并且不会消耗殆尽。科技日新月异的发展不断为创新设计提供了新的机会，同时创新设计总是伴随着科技的进步而向前发展，永远不会完结。

（2）实用的——实用。优秀的设计让产品更加实用。产品要体现其价值，至少要满足某些基本标准，除了功能，还有用户的购买心理和产品的审美。优秀的设计强调实用性的同时也不能忽略其他方面，不然产品就会大打折扣。

（3）唯美的——美学价值。优秀的设计是美的。产品的美感是实用性不可或缺的一部分，因为每天使用的产品都无时无刻不在影响着我们的生活，只有精湛的东西才可能是美的。

（4）会说话的——易于理解。优秀的设计使产品更容易被解读。优秀的设计能让产品的结构清晰明了，能让产品自己说话，使用者不解自明。

（5）谦虚的——内敛低调。优秀的设计是谦虚的。产品要像工具一样能够达成某种目的。它们既不是装饰物也不是艺术品，而应该是中庸的，带有约束的，这样会给使用者的个性表现留有一定空间。

（6）诚实的——纯粹简单。优秀的设计是诚实的。不夸张产品本身的创意、功能的强大和其价值，也不要试图用实现不了的承诺去欺骗消费者。

（7）细致的——细致入微。优秀的设计是考虑周到并且不放过每个细节的。任何细节都不能敷衍了事或者怀有侥幸心理。设计过程中的悉心和精确是对消费者的一种尊敬。

（8）坚固耐用的——历久弥新。优秀的设计经得起岁月的考验，它使产品避免短暂时尚而成为经典。

（9）环保的——保护环境。优秀的设计是关怀环境的，设计能够对保护环境起到极大的贡献。让产品在整个生命周期内减少对资源的浪费，降低对自然的破坏并且不要产生视觉污染。

（10）极简的——设计精简。拉姆斯优秀的设计是简洁的，也是好的，因为它浓缩了产品所必须的具备因素，剔除了不必要的东西。

## 二、卢吉·科拉尼

卢吉·科拉尼生于德国柏林，早年在柏林学习雕塑，后到巴黎学习空气动力学，1953年在美国加州负责新材料项目（图3-13）。这样的经历使他的设计具有空气动力学和仿生学的特点，表现出强烈的造型意识。当时的德国设计界普遍关注以系统论和逻辑优先论为基础的理性设计，而科拉尼则试图跳出功能主义圈子，灵感都来自自然："我所做的无非是模仿自然界向我们揭示的种种真实"，希望通过更自由的造型来增加趣味性。

早在20世纪50年代，科拉尼就为多家公司设计跑车和汽艇，其中包括世界上第一辆单体构造的跑车BMW700（1959）。科拉尼用他极富想象力的创作手法设计了大量的运输工具、日常用品和家用电器，包括美国航天飞机和宝马、奔驰、法拉利汽车等（图3-14）。

科拉尼被誉为曲线大师，他说："地球是圆的，所有的星际物体都是圆的，而且在圆形或椭圆形的轨道上运动，甚至连我们自身也是从圆形的物种细胞中繁衍出来的，我又为什么要加入把一切都变的有棱有角的人们的行列呢？我将追随伽利略的信条：我的世界也是圆的。"图3-15是科拉尼设计的流线型钢琴，他的"流线型概念"奠定了工业设计领域中的地位。

科拉尼说："从生活中的不完美发现问题，然后设法用艺术的方式使其完美。我曾用过一个咖啡壶，觉得把柄太小，用起来不方便，便设计出一套流线型的把柄较大的咖啡壶。"（图3-16）。

科拉尼坚持以人为本的设计理念，例如要设计一把椅子，就要符合人体的生理特点，要让坐在椅子上面的人感觉最舒服（图3-17、图3-18）。

图3-13 卢吉·科拉尼

图3-14 科拉尼设计的奔驰汽车

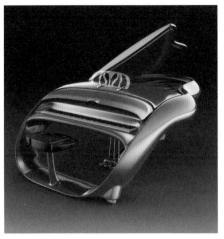

图 3-15 钢琴设计 科拉尼

图 3-16 咖啡杯设计 科拉尼

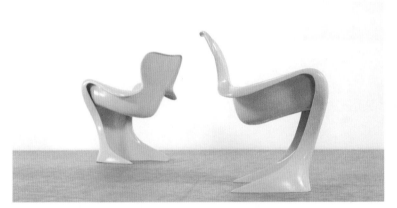

图 3-17 椅子设计 科拉尼

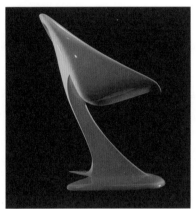

图 3-18 椅子设计 科拉尼

科拉尼设计了大量造型极为夸张的作品，希望通过更自由的设计实现想象中的形态，被国际设计界公认为"21世纪的达·芬奇"。

## 三、深泽直人

图 3-19 深泽直人

深泽直人，日本著名产品设计师，家用电器和日用杂物设计品牌"±0"的创始人（图3-19）。深泽直人曾为多家知名公司进行过产品设计，如苹果、爱普生、日立、无印良品、NEC、耐克、日本精工株式会社、夏普、东芝等。其设计在欧洲和美国曾获得五十多项大奖，其中包括美国IDEA金奖、德国IF 金奖、"红点"设计奖、日本优秀设计奖等。

深泽直人的设计主张用最少的元素（上下公差为±0）来展示产品的全部功能。深泽直人将自己的设计理念概括为"无意识设计"，比如其为无印良品设计的壁挂式 CD 机（图 3-20）。"无意识设计"（Without Thought）又称"直觉设计"，是深泽直人首次提出的一种设计理念，即："将无意识的行动转化为可见之物"。比如，经常做饭的人一般都知道，煮米饭时放一些辅料可以使做出的米饭达到意想不到的口味，例如，放醋可以使煮出的米饭更加松软、香嫩。即使大部分人知道这个常识，但是常规操作时都会疏忽忘记添加辅料。因此需要这样一种设计，可以使人在煮米饭时的一个无意识动作中自动添加相应辅料，这种设计就称为"无意识设计"。

图 3-20　"无印良品"壁挂式 CD 机

设计是为了满足人的生活需求，而非改变，设计是方便人的生活方式，而非复杂。因此，好的设计必须以人为本，注重人的生活细节，方便人的生活习惯，使设计让生活更美好，深泽直人设计的产品皆以此为原则（图 3-21）。特别是在工业设计高度发达的今天，很多设计师力图否定约定俗成的设计，用自己的思想创造一种新的生活方式，这样就无形中加重了人们的"适应负担"，"无意识设计"并不是一种全新的设计，而是关注一些别人没有意识到的细节，把这些细节放大，注入原有的产品中，这种改变有时比创造一种新的产品更伟大。

"无意识"并不是真的没有意识去参与，而是人们知道自己需要某些东西，但还没意识到到底想要什么而已，而深泽直人关注的，正是人们所忽略的有关"无意识"的种种生活细节，（图 3-22）。深泽直人用一个简单的道理阐释了他设计的思想根源：在走路的时候，一般人会选择沿着给盲人专用的道路走，那样可以不用眼睛看而不走错。也

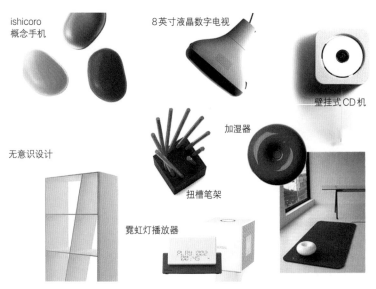

图 3-21　深泽直人设计的产品

图 3-22　深泽直人设计的产品

就是说，这条黄色的、平时提供给盲人使用的路，又体现了它的新价值。行走并不仅仅是儿时学会的一种行为，而是在走路的时候要看脚往哪儿踩，也就是在寻找脚踩的一种价值。所以，循着盲道而行，就是一种寻找价值的连续的行为，而当人、物与环境达到完美和谐的时候，这种行为就成了一种无意识的有价值的行为。

## 四、罗恩·阿拉德

罗恩·阿拉德是出生于以色列、生活于伦敦的家具设计师，被称为当代设计先驱（图3-23）。1981年，阿拉德和卡罗班·托尔曼共同创办了One Off设计工作室。生活的丰富多元必然映射在了其作品的风格里，阿拉德能把家具、建筑与艺术融为一体，造型语言娴熟、大方、干练（图3-24）。

阿拉德是最早运用新材料和新技术的设计师之一，过去几十年，通过对材料和形式开拓性的实验研究，使作品多样而且极具变化性。他一直坚持以不锈钢、铝和聚酰胺作为主材料，设计出了很多具有罗恩风格的作品（图3-25、图3-26）。阿拉德的创作以Ready-made艺术为主，即一种在成品上进行再创作的艺术。他将事物之前的状态视为一种幸存、保留下来的形式，是进一步创造出更具传统风格产品的前提条件。在进行Read-made艺术创作的过程中，不能将作品与其加工条件分隔开，每件产品都是其加工条件本身的表现。

Rover椅是阿拉德于1981年设计的第一款椅子，利用鹰架和汽车座椅等废弃的工业材料加工而成（图3-27）。阿拉德很善于对建筑形式和家具结构进行重新构思，他抛弃传统劳力密集的家具生产技术，

图 3-23　罗恩·阿拉德

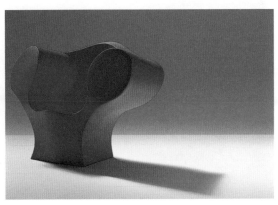

图 3-24　沙发设计　阿拉德

图 3-25  椅子设计  阿拉德          图 3-26  沙发设计  阿拉德          图 3-27  Rover椅  阿拉德

利用软质的不锈钢材塑造出有机形体，宛如雕塑般的家具，呈现与一般家具截然不同的风格，当时设计界和建筑界很多著名的设计师都向阿拉德学习，他的作品也曾被一位评论家评价为"既是高科技的，又是普通的现成作品"。

1986年，阿拉德设计创作知名作品"Well-Tempered Chair"，他借用酒吧绒布坐具的原形，只用了四块铁片，以高热巧屈曲而成，让坚硬钢材展现出优美的曲线，也让椅子有了新的样貌，宛如空间中的艺术品，在一定程度上显示出"无规则"的设计效果，同时，也折射出设计师对材料和技术的驾驭能力（图3-28）。

Ripple椅用的是天然燃聚氨酯泡沫棉，椅面上分布着灵动柔和的线条，构成优美的弧线感，两边均匀挖空，就像它的名字"Ripple"所代表的含义一样，唤起人们对海浪在沙滩上留下的层层印记。这款椅子还可以四个叠在一起，在室内和公共环境使用（图3-29）。

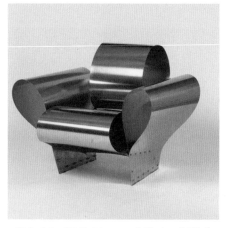

图 3-28  Well-Tempered Chair  阿拉德          图 3-29  Ripple椅  阿拉德

Voido椅的设计别出心裁，阿拉德将金属弯成沙发的样子，颠覆了人们对于材料的成见，整个沙发保持了优雅流畅的线条美，是一款既可以摆放于室内又可以装饰于庭院的极富造型感的椅子（图3-30、图3-31）。

图 3-30　Voido 椅　阿拉德

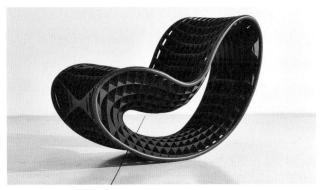

图 3-31　Voido 椅　阿拉德

## 五、菲利浦·斯塔克

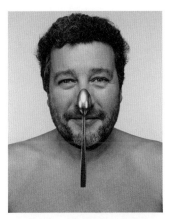

图 3-32　菲利浦·斯塔克

菲利浦·斯塔克是知名法国设计师，他的作品随处可见，从纽约别致的旅馆到FF4900邮购商行，从法国总统的私人住宅到欧洲最大的废物处理中心，从全球各地的咖啡馆及家庭中数十万的座椅和灯具到浴室中的牙刷都能见到他的作品的身影（图3-32、图3-33）。斯塔克在他的主要工作中正在引导着使物与人关系变得更融洽的一种方式。

他的设计最突出的特征就是具有幽默感，斯塔克的设计不仅停留在幽默这个层次上，它还有更深的寓意。如果说幽默是他设计作品的树干，那么对事物奇特的解析就是树上最繁茂的枝叶。另外还有一个不能忽略的因素便是他作品的美观形态。圆润的让人感觉没有摩擦力，这样的模样与其说是一种存在形式，不如说是一种流动的感觉。他的设计作品样子各异，但都有一个共同点，都有像"牛角一样的形态"，这样的外形不会有太刺激的感觉，而且会隐约地散发出它独特的魅力。自然流动的曲线和圆润的平面，看起来优雅和平，让人对美的感觉从直接感受变为间接感受。

图 3-33　牙刷设计　斯塔克

斯塔克继承了现代主义的几何美感和前辈设计师们对有机形的探索成果，成为简约设计风格的代表人物之一，其作品充满现代时尚气息和亲和力。他的代表作品是1990年设计的榨汁机，可以看到这一观念对他的影响，怪异的形状像火箭发射器，又像蜘蛛和章鱼，让我们不能控制自己丰富的想象（图3-34）。仿生效果给工业化的产品赋予

了极大的生命力，让那些具备使用功能的产品有了性格，同我们有了
情感碰撞。这不是哗众取宠，而是一个设计师的职责，正如他所说的
那句带有强烈使命感的话：为的是带来改变，传递颠覆和叛逆的信息。

　　斯塔克为Alessi设计的厨房用具系列都可以飞身挂起，从锅铲到
汤勺，从刀叉到酒杯，甚至碗碟、香料瓶、搅拌器以及手提电话，最
后到他自己，那张他挂在厨房墙上的广告照片几乎成了他的名片。
还有他与其他公司合作的产品，如"Rosy Angelis"落地灯、"Hot
Bertaa"茶壶、"Slick Slick"椅子、在一端装有钩子的纤细"Hook"
手提电话——所有这些都体现了斯塔克经常采用的通过功能来延展外
表造型的特点，充分挖掘产品的本质来进行设计，从更积极的角度来
为人民服务（图3-35～图3-37）。

　　在斯塔克的作品中，我们看到的不仅是简约之美，更重要是他从

图3-34　榨汁机　斯塔克

图3-35　"Rosy Angelis"落地灯　斯塔克

图3-36　"Hot Bertaa"茶壶　斯塔克

图3-37　"Slick Slick"椅子
斯塔克

图 3-38 Flos Ara 牛角灯 斯塔克

设计心理学角度出发，注重情感需要，使得在简单的使用过程中求得情感上和精神上的缓解和补充。"设计良好的物品，就是那些我们看到它和使用它的时候会发出微笑的产品。"无疑，我们在斯塔克的产品中能感受到他设计过程中的快乐，这是设计师投入设计中的状态而带给使用者的感染力。因为他深受法国文化的熏陶，所以在作品里始终洋溢着一种法式的幽默、浪漫和雅致，与波普风格相比显得高贵、时尚。更重要的是他设计出的大量堪称经典之作的作品，都源于他自身不断地对于人性化产品设计的追求和探索。如图 3-38 所示 1988 年斯塔克和意大利知名品牌 Flos 合作了第一个灯款。这盏灯以他女儿的名字命名——Flos Ara 牛角灯，利落的线条，可以随心所欲地调整需要的照射角度。开关灯的方式则是斯塔克一贯性的幽默手法带来的惊喜——牛角向上拨动是开灯，向下则是关灯，纯粹而有趣。

斯塔克认为他的设计表现了对环境的尊重及对人性的关怀，正如他为 Thomson 公司开创的口号："Thomson：从科技到关爱"。科技本身并非一个终端，而只是一种手段，而最终的目标，是人类对自身的关爱。他梦想让世界上所有人都能拥有这些符合科技关爱的物品，这是他今后最重要的工作。这些漂亮的人性的东西会非常便宜，所有人都可以拥有，是人类生活中最基本的东西。

## 第三节
## 其他设计师

### 一、扎哈·哈迪德

图 3-39 扎哈·哈迪德

扎哈·哈迪德是伊拉克裔英国建筑师，2004 年普利兹克建筑奖获奖者（图 3-39）。哈迪德的设计一向以大胆的造型出名，被称为建筑界的"解构主义大师"。这一光环主要源于她独特的创作方式，她的作品看似平凡，却大胆运用空间和几何结构，反映出都市建筑繁复的特质。哈迪德的建筑设计作品在世界各地都受人瞩目。

哈迪德在中国被人所熟悉的作品是她与 HOHO 中国合作的系列商业办公建筑。如北京银河 SOHO，使用了 4 个塔状建筑，并用桥梁有机结合起来。设计主题借鉴中国院落的思想，创建一个内在世界，不再是刚硬的矩形街区及街区之间的空间，而是通过可塑的、圆润的、体量的相互聚结、溶合、分离以及通过拉伸的天桥再连接，创造了一个连续而共同进化的形体以及内部流线的连续运动（图3-40）。银河SOHO传承中国传统庭院气度，创建一个联系的开放空间。在这里，建筑不再是刚性的，而是柔性、适应性、流动性的。群体建筑拥有鲜明而强烈的气场，在连贯的群体之中也拥有合理的私密空间。银河SOHO的平台与平台之间相互错综位移，不同层面对彼此视角的介入，产生环绕着的、引人入胜的环境。建筑在从下至上的不同层面各个方向展开，呈现一个360°的建筑世界，没有角落也没有不平滑的过渡，从而创造出丰富流动的空间景致和室外平台（图3-41）。哈迪德的追求自然、创造透明和流动性的理念得到了充分的展示。

盖达尔阿利耶夫中心是一个位于阿塞拜疆巴库市的建筑，中心设

图3-40 北京银河SOHO 哈迪德

图3-41 银河SOHO室外平台 哈迪德

有一个带三个礼堂、一个图书馆和一个博物馆的会议厅。整体设计使用一种流体的形式，通过自然景观的折叠将功能集于一体。该文化中心的所有功能，都由单一但连续的表面呈现。这种流动的设计为连接各种文化空间提供了机会，同时也为中心的每个功能提供了专用场所，流动的空间让建筑内外一气呵成，形成连续和动态的魔幻空间（图3-42、图3-43）。

东大门设计广场位于韩国首尔东大门，总面积为86574平方米，最高高度为29米，地下3层、地上4层，包括艺术厅、文化中心、设计实验室、创意市场和东大门历史文化公园五大场馆设施，是韩国首尔的地标建筑之一，是世界最大规模非标准建筑。东大门设计广场是一座三维非标准建筑，以与周边地形结合为设计理念。在设计技法方面，采用将二维平面图面信息转换成具备三维立体设计技法的"建筑信息模型"。整个建筑呈毫无接缝的流水线形，外观呈曲线形，像个巨大的外星宇宙飞船，内部没有一根柱子（图3-44、图3-45）。

从以上哈迪德的设计作品中来看，她以"打破建筑传统"为目标，实践着让"建筑更加建筑"的思想，通过营造建筑物优雅、柔和的外

图3-42　盖达尔阿利耶夫中心　哈迪德

图3-43　盖达尔阿利耶夫中心礼堂　哈迪德

图3-44　首尔东大门设计广场　哈迪德

图3-45　首尔东大门设计广场　哈迪德

表和保持建筑物与地面若即若离的状态来达到理想效果，创作出超出现实思维模式的、突破式的新颖作品。

## 二、隈研吾

隈研吾是日本著名建筑师，享有极高的国际声誉，其设计的建筑融合古典与现代风格为一体，曾获得国际石造建筑奖、自然木造建筑精神奖等（图3-46）。

隈研吾知名作品有龟老山展望台、威尼斯双年展日本馆、长城脚下的公社／竹屋、长崎县立美术馆、三得利美术馆及富山市玻璃美术馆（图3-47、图3-48）。2015年以明治神宫为灵感来源的设计，拿下2020年东京奥运主场馆"新国立竞技场"设计案（图3-49）。

隈研吾设计的建筑作品散发日式和风与东方禅意，在业界被称为

图 3-46　隈研吾

图 3-47　长城脚下的公社／竹屋　隈研吾

图 3-48　日本富山市玻璃美术馆　隈研吾

图 3-49 东京奥运主场馆"新国立竞技场" 隈研吾

"负建筑""隈研吾流"。他以自然景观的融合为特色，运用木材、泥砖、竹子、石板、纸或玻璃等天然建材，结合水、光线与空气，创造外表看似柔弱，却更耐震、且让人感觉到传统建筑的温馨与美的"负建筑"。他一直在设计中尝试用无秩序的建筑来消去建筑的存在感。

浅草文化观光中心外形为竖直堆叠的平房，每层的高度、屋顶角度、内部装修各不相同。浅草文化观光中心为钢筋混凝土结构，但大量使用木材和玻璃，通风良好，视野开阔，充分利用自然光，每层均装有人造阻燃杉木板制成的遮阳百叶帘。由于周边建筑低矮，同时供建筑使用的土地不够宽敞，没有将它设计为细长的铅笔楼，而是采用平房堆叠的设计以适应周边环境。浅草文化观光中心结合了日本传统建筑的木文化和现代建筑的体积感，并传承了浅草地区的传统风格，具有江户时代的美感（图3-50）。

图 3-50 日本浅草文化观光
中心 隈研吾

## 三、三宅一生

三宅一生是日本著名服装设计师，他以极富工艺创新的服饰设计与展览而闻名于世。其创建的自己的品牌，根植于日本的民族观念、习俗和价值观，成为知名的世界优秀时装品牌（图3-51）。

20世纪80年代后期，三宅一生开始试验一种制作新型褶皱面料的方法，这种面料不仅使穿戴者感觉灵活和舒适，并且生产和保养也更为简易。这种新型的技术被称为三宅褶皱（也称一生褶）。制作这种织物时，需先将布料裁剪和缝纫成型，再夹入纸层之中，压紧并热熨，褶皱就形成了，并且会一直保持着（图3-52、图3-53）。

三宅一生的时装一直以无结构模式进行设计，摆脱了西方传统服装的造型模式，而以反思维进行创意。掰开、揉碎，再组合，具有宽泛、雍容的内涵，形成惊人奇突的构造。这是一种基于东方制衣技术的创新模式，反映了日本式的关于自然和人类温和交流的哲学（图3-54）。

图 3-51 三宅一生

图 3-52　三宅一生设计作品（1）

图 3-53　三宅一生设计作品（2）

图 3-54　三宅一生设计作品（3）

**思考与练习**

1.设计师"风格"与艺术家"风格"是一样的吗？如果不一样，原因是什么？

2."孟菲斯"与"楚格"都是著名的设计师团体。在设计师群体中，不同的设计师个体的文化、教育背景等皆不相同，为何会产生相对一致的风格？设计团队产生一致的设计风格还应具备哪些因素？

3.选取本章节中的某位知名设计师或某个设计组织，根据其风格特征与设计理念，设计完成一款相应的风格化产品。

4.选取某个艺术流派或某个艺术家，根据其艺术风格特征，设计完成一款相应风格化的产品。

# 第四章
# 品牌与风格

# 第一节
# 品牌

## 一、品牌的概念

"品牌"一词来源于古挪威文字"Brandr",意思是"燃烧",指的是生产者将燃烧的印章烙印到产品上。在当时,西方游牧部落通过在马背上或其他牲畜背上打上不同的烙印,用以区分自己的财产,这是原始的商品命名方式,同时也是现代品牌概念的来源(图4-1)。

图 4-1 马背上的烙印

广义的"品牌"是具有经济价值的无形资产,用抽象化的、特有的、能识别的心智概念来表现其差异性,从而在人们的意识当中占据一定位置的综合反映。

狭义的"品牌"是一种拥有对内、对外两面性的"标准"或"规则",是通过对理念、行为、视觉、听觉四方面进行标准化、规则化,使之具备特有性、价值性、长期性、认知性的一种识别系统的总称。美国经济学教授,被誉为"现代营销学之父"的科特勒(图4-2),在《营销管理》中对"品牌"的定义是:向购买者长期提供的一组特定的特点、利益和服务。品牌是给拥有者带来溢价、产生增值的一种无形的资产,它的载体是用于和其他竞争者的产品或劳务相区分的名称、术语、象征、记号或者设计及其组合,增值的源泉来自消费者心智中形成的关于其载体的印象。品牌承载的更多的是一部分人对其产品以及服务的认可,是一种品牌商与顾客购买行为间相互磨合衍生出来的产物。

图 4-2 科特勒

总的来说,品牌是指公司的名称、产品或服务的商标,是和其他可以有别于竞争对手的标示、广告等构成公司独特市场形象的无形资产,是一种识别标志、一种精神象征、一种价值理念,是品质优异的核心体现。培育和创造品牌的过程也是不断创新的过程，自身有了创新的力量，才能在激烈的竞争中立于不败之地，继而巩固原有品牌资产，多层次、多角度、多领域地参与竞争。

## 二、与品牌相关的其他概念

### （一）企业品牌

企业品牌是全体利益相关者对其产品或服务、能力、社会责任、历史传统、文化和愿景等各方面的感知、印象或态度的总和。品牌能够吸引消费者，并且建立品牌忠诚度，进而为客户创造品牌（与市场）优势地位的观念。品牌扮演着多重角色：是企业旗下众多品牌的"背书人"，能让各方利益相关者感受到来自产品或服务背后的企业信誉担保；是集合公司旗下众多品牌的"品牌屋"；是引领公司向正确方向前进的"导航仪"；当公司或其旗下的某些品牌发生危机时，强势企业品牌是最好的"保护伞"。因此，企业品牌能让公司与各方利益相关者建立一种"情感契约"，它是企业战略性的品牌资产，是企业持续性竞争优势的主要源泉，是企业享有品牌溢价的根本原因（图4-3）。

图4-3　德国大众公司旗下的汽车品牌

### （二）品牌内涵

品牌最持久的含义和实质是其价值、文化和个性；品牌是一种商业用语，品牌注册后形成商标，企业即获得法律保护其专用权；品牌是企业长期努力经营的结果，是企业的无形载体。品牌的内涵可从以下六个方面透视：

（1）属性：品牌代表着特定商品的属性，这是品牌最基本的含义。

（2）利益：品牌不仅代表着一系列属性，而且体现着某种特定的利益。

（3）价值：品牌体现了生产者的某些价值感。

（4）文化：品牌还附着特定的文化。

（5）个性：品牌也反映一定的个性。

（6）用户：品牌暗示了购买或使用产品的消费者类型。

### （三）品牌联想

品牌能引发人们更丰富的联想——即品牌联想。品牌联想指的是人们记忆中与品牌相关的一切信息。品牌联想的内涵远比产品联想全面与丰富，例如，"麦当劳"联想不仅包括巨无霸汉堡（产品），还包括麦当劳叔叔、金色拱门标志和店内的欢乐气氛等（图4-4）。

图 4-4　麦当劳品牌

### （四）品牌识别

成功的定位应以竞争者的公司形象为参考，在目标顾客心目中打造出品牌的差异化竞争优势。品牌识别指的是公司内部利益相关者渴望通过各种传播手段创造与保持关于公司的一系列独特联想。品牌识别与品牌形象就像品牌的两面：品牌识别是公司内部利益相关者愿望的体现（对内）；品牌形象是公司外部利益相关者感知的反映（对外）。受定位与品牌识别理论的启示，欧、美、日的众多企业纷纷导入品牌识别系统并大获成功，一些企业借此一举跨入了全球品牌的行列，如菲亚特、IBM和松下等。品牌识别系统包括三方面：一是理念识别，如麦当劳的理念识别为时间、质量、服务、清洁和价值；二是行为识别，如麦当劳的行为识别为服务员快速、准确和友善的服务，且绝不与顾客争辩；三是视觉识别，如麦当劳的视觉识别为麦当劳叔叔、金拱门标志和洋溢着欢乐气氛的店面设计等。基于此，品牌识别的概念比品牌个性更丰富。

### （五）品牌个性

为公司赋予能引起人们共鸣的性格特征是实现品牌差异化的突破口。

品牌个性指的是公司赋予自身及其旗下各类品牌的人格化特征。在美国文化背景下，Aaker（1997）提出品牌个性五要素：真诚、刺激、能力、高雅和粗犷，该观点得到了广泛认可。中国学者认为在不同文化背景下的品牌个性应有所差异，提出中国品牌个性五要素：仁、智、雅、乐和勇，其中"乐"是独具中国文化特色的品牌个性要素，该观点在国内影响较大。需特别指出，利益相关者通常只愿和那些他们感觉与自己性格类似的公司结成亲密关系。因此，想要打造独特的品牌个性，首先应明确界定其目标市场；其次应确定该目标市场上的消费者的个性与生活方式；最后应赋予公司与目标消费者相似的品牌个性。通过这三步，品牌就能实现差异化并赢得人们的共鸣，而形成品牌个性差异化的重要手段是品牌形象的塑造。

## 第二节

# 品牌形象

"形象"指能引起人的思想或感情活动的具体形态或姿态。我们生活中处处存在着各种各样的"形象"，使人们随时随地都能认知和感受到"形象"的存在。形象是人们对通过视觉、听觉、触觉、味觉等多种感官路径所获信息进行分析评价，从而在脑中形成的对目标人或物的整体感知。

品牌形象是消费者基于所接收的品牌信息，经过自己的认知与感受，在大脑中形成的有关品牌的印象总和。品牌形象与品牌识别既有区别又有联系，二者的区别在于，品牌识别是品牌形象形成的来源和依据，而品牌形象在某种程度上执行品牌识别的结果。由于人们记忆中关于品牌的各类信息都可称为对该品牌的联想，因此品牌联想可能错综复杂，这不利于管理者根据市场状况进行相应调整与有效管理。因此有必要将各类品牌联想进行梳理，使其以某种有意义的方式组织到一起，从而形成对品牌的整体感知——即品牌形象。品牌形象指的是品牌对外的表现形式，是以公司外部利益相关者为主的社会公众对品牌的整体感知、印象或态度。品牌形象可归为两个维度：公司能力与公司社会责任。如苹果公司2013年推出iPhone 5s展现出其卓越的创新能力形象；王老吉2008年为汶川大地震捐款一亿元展现出其优异的社会责任形象。

品牌形象与消费者之间更为具体的联系是由产品形象达成的，消费者通过使用产品来形成对品牌更为真实和确切的印象。与品牌形象一致的产品形象能够帮助消费者加深对品牌的认知，提高对品牌的忠诚度。品牌形象和产品形象与产品设计密切相关，设计师不仅需要设计出贴合企业目标品牌形象的产品来巩固既有的品牌形象，也需要将品牌形象融入产品设计中来提升整体的价值水平，以达到延伸品牌形象的目的。

# 一、形成要素

## （一）时代特征

一个时代的科学水平、文化观念、审美意识和价值取向通过设计体现出来就形成了设计的时代特点。手工业时期，设计的时代风格表现为共同的手工业生产方式条件下的产品特征，如追求装饰，讲究技巧等（图4-5）。大工业机器生产的出现，使人们更追求设计的功能，追求简洁造型、功能结构和几何形式等，都充分表明了基于大工业生产条件下人们新的美学观念和文化意识（图4-6）。

图4-5　路易十五时期的书桌

图4-6　孟菲斯设计的代表性作品——红色打字机

## （二）地域特色

产品造型的地域性是由客户审美取向的地域性决定的，不同地域的地理、环境、气候和物产形成了该地区人民特有的生活习惯、思维方式、价值准则和精神面貌，从而形成了他们特有的审美观念和地域文化。当这些审美倾向及文化内涵反映在产品造型中时，就自然流露出不同于其他民族的风采和格调，也形成了自身的地域特色（图4-7）。

## （三）企业定位

企业定位是指企业通过其产品及其品牌，基于顾客需求，将其企业独特的个性、文化和良好形象，塑造于消费者心目中，并占据一定位置。市场是一群有具体需求而且具有相应购买力的消费者集合，因

图4-7　J39单椅　布吉·莫根森

此市场决定着企业定位与设计方向。企业定位对于绝大多数的生产型企业，还是一个模糊的概念，没有充分将其利用起来。从产品定位、品牌定位、企业定位三者的关系层次上来看，一般企业定位要经历的过程是从产品、品牌、企业定位三者一体化到三者分离，后者相对于前者越来越概括和抽象，越来越多用以表现理念。

美国市场学家温德尔·史密斯于1956年提出市场细分的概念，即按照消费者欲望与需求把因规模过大而导致的难以服务的总体市场划分成若干具有共同特征的细分市场，从而更好的进行市场活动。市场细分是品牌在激烈的市场竞争环境中最适用的营销模式，它可以精准的吸引到目标消费群体，但市场细分后，在销售实施环节中，就不能再局限于特定的传播方式与渠道进行推广了，而是要让产品能最大化陈列。

目前，PSA集团旗下拥有高端品牌DS，标致和雪铁龙同属中端，中低端市场并没有特定的品牌。而因同集团下的车型分布相同，售价方面并没有明显差距，造成了内部两个品牌间的竞争。而大众旗下产品市场定位中，大众高于斯柯达，面对不同市场需求供应相应产品，通过在同一市场需求供应的产品中加入品牌特征元素来确定品牌设计的风格。大众旗下包含众多品牌包括保时捷、布加迪、奥迪等，每个品牌都有着其对应的市场需求。通过大众一些车型可以看出大众公司根据不同市场需求生产了大量车型，但在这些数量众多的车型中都充斥着大众公司的品牌形象特征，进气栅的车灯的形状都带有大众特有的设计风格（图4-8）。

图4-8 大众公司的系列汽车

### （四）企业文化

企业文化是企业为解决生存和发展的问题而树立形成的，被组织成员认为是有效而共享，并共同遵循的基本信念和认知。企业文化集中体现了一个企业经营管理的核心主张以及由此产生的组织行为。企业文化是一个组织由其价值观、信念、仪式、符号、处事方式等组成的其特有的文化形象。企业文化对品牌风格及产品的设计风格起着深刻的影响，设计风格往往带有明晰的企业文化烙印。

## 二、品牌形象的创新升级

在竞争激烈的市场上，品牌成为人们选择商品的重要依据，品牌形象创新设计的意义尤其凸显。

### （一）品牌形象设计是企业之间竞争的根本

企业要在市场竞争中拥有一席之地，品牌塑造是重要手段之一。品牌塑造首先需要对品牌进行定位，在定位时就需要进行品牌形象设计。通过各种形象符号来刺激潜在消费者，在消费者心中建立品牌鲜明的形象，使其品牌信息与目标消费者达成心理共鸣，通过长期的信息传达，在潜移默化中逐渐将品牌概念深入人心，从而带动产品销售。

### （二）品牌形象设计是企业稳固消费者的有力手段

品牌形象设计能减少消费群体的流失，稳定的品牌形象设计是为了区别市场同类竞品，通过各种方式的长期信息传达，让消费者在潜移默化中逐渐形成清晰品牌形象，从而减少选择产品时可能会失去的消费群体。

### （三）品牌形象设计是企业进行品牌延伸的前提

品牌延伸可以减少新产品导入市场的风险和成本。但要进行品牌延伸，就要求被延伸的品牌必须是有价值、消费者熟知和信赖的。

品牌形象设计主要包括对品牌的名称、标识物、标识语等内容的设计，它们是该品牌区别于其他品牌的重要标志。品牌名称通常由文字、符号、图案三个因素组合构成，涵盖了品牌所有的特征，具有良好的宣传、沟通和交流的作用（图4-9）。标识物能够帮助人们认知并联想，使消费者产生积极的感受、喜爱和偏好。标识语的作用是为产品提供联想，同时能强化名称和标识物。企业为使消费者在众多商品中选择自己的产品，就要利用品牌名称等品牌设计的视觉现象引起消费者的注意和兴趣。这样品牌的真正意义才能显现出来，才会日渐走

Logo

| Tile | Layout grids | Content tiles | Color |

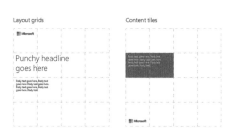

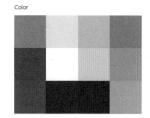

Type

Segoe Light

Segoe Regular

**Segoe Bold**

Photography

Illustration

图 4-9　微软品牌形象

进消费者的心中。因为人们对品牌的偏好大部分是从视觉中获得的，所以树立良好的品牌视觉形象十分必要，也是确定在消费者心中地位的有效途径。

## （四）品牌形象创新升级的设计要点

品牌视觉形象必须统一、稳定，这是品牌视觉保持其持恒性特征的重要因素，在创新升级设计时主要注意以下四个方面。

### 1.文字统一

品牌设计确定后，文字是统一的。甚至几十年、几百年都不变，需要形成统一稳定的文字形象。

### 2.图形统一

品牌设计要求图形是统一的，不能频繁更换，这样才有长久的品牌魅力。

### 3.颜色统一

品牌设计要求颜色是统一的，既要有象征性，又要有品牌特征和生命力。

### 4.文字、图形、颜色有机结合

品牌的形象设计要符合消费者的心理需求，力图使品牌达到统一、稳定的视觉形象，具有简洁、易记的特点，形成良好的联想效果（图4-10）。

图 4-10　华为标志

## （五）品牌定位的要求

品牌定位反映了品牌的个性特征，成功的品牌都有准确的定位，通过设计所营造的品牌个性影响着消费者，没有个性的品牌容易被人们遗忘。不同的消费者群体有不同的消费心理和特征，同时社会文化习俗和消费习惯也对消费者产生影响。因此在品牌设计中，首先要对品牌进行定位，为其寻找、确定有利的切入点，然后运用恰当的营销要素来匹配品牌定位。

## （六）品牌的创新与文化

品牌创新是品牌的生命力和价值所在。品牌创新包括品牌初创和品牌更新。一方面，任何产品都必须要有自己的品牌，具有品牌特征和特色才能吸引消费者，使之成为名品；另一方面，已经创立的品牌同样需要不断进行更新与再创造。注意，其中的更新与再创造，要保证品牌的持恒性，而非颠覆性的全新形象（图4-11）。

图 4-11　摩托罗拉品牌标志变化调整过程

品牌文化是社会公众、用户对品牌所体现的品牌文化整体的认知和评价。品牌文化是企业经营理念、价值观、道德规范、行为准则等的集中体现，也是一个企业精神风貌的体现，对其消费群和员工产生潜移默化的熏陶作用，一个品牌文化的传播和取向是品牌塑造的重心所在。品牌的文化传统是唤起人们心理认同的最重要的因素，有时甚至作为一种象征深入消费者内心。品牌的竞争能力，实质体现在品牌与文化传统的融合能力上。品牌文化也是一个不可忽视的问题，品牌文化是企业文化的集中、具体和明确体现，通过更加具象、形象的产品、产品系列以及其他手段进行展现。

# 第三节

# 产品形象

## 一、产品形象概念

产品形象，狭义上是指产品的综合外观特征，包括产品的形态、色彩、材质、人机界面、包装、终端展示等；广义上是指产品在消费者心中的形象。除了各种视觉、听觉印象外，还包含企业的理念、精神、文化及品牌观念等内容，是产品在与消费者接触的各个环节中所表现出来的特征状态。产品形象设计的过程是对产品进行形象塑造的过程，包括产品形象定义中的所有方面，所采取的设计策略及方式，需要根据企业品牌实际情况制定针对性的设计策略（图4-12）。

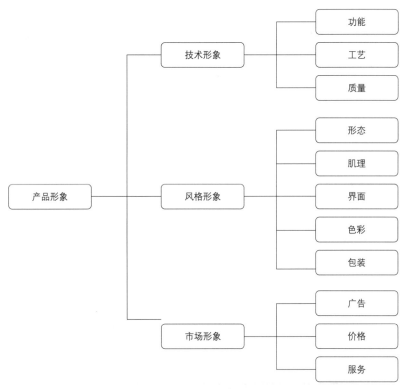

图 4-12　产品形象设计内容

产品形象包括两层含义，一层为同一性，即企业内部各产品之间具有相同或相似的特征；另一层为差异性，即企业产品具有区别于其竞争者的不同特征。产品形象在不同的视角上有着不同的构成。从企业的角度来看产品形象，企业是主体，主动塑造和推广产品形象；从消费者的角度来看产品形象，消费者是产品形象信息的接受者，信息的积淀形成了产品形象。

## 二、产品形象特点

产品形象设计是产品通过设计手段呈现企业自身文化和价值观的独特且明显的特征来实现差异性，并在企业不同产品上实现横向与纵向的应用与发展，以此形成稳定、统一的产品形象，从而实现公众对企业产品形象的识别。差异性和持恒性是产品形象的两个重要特点（图4-13）。

图 4-13　产品形象重要特点

### （一）差异性

随着现代科技的高速发展，产品同质化的现象越来越突出。一个企业、一个品牌或一件产品要想脱颖而出，必然具有自己的个性特色。只有个性鲜明的产品形象，才能体现与竞争者之间的区别，才能具有相应的辨识度。产品形象通过产品内部理念思想的继承与外部物化特征的呈现，承载独特的品牌文化，从而形成产品形象的差异性，实现消费者对品牌的高识别性。差异性是产品形象是否能发挥其效果的关键。

### （二）持恒性

产品形象在消费者心目中的塑造并非一朝一夕即可迅速完成的，而需要将理念统一、风格统一的产品设计持续不断地传递给用户。"理念统一"指产品在设计时所赋予产品的内在理念是相对稳定的；"风格统一"指产品在外观造型的设计上，不同产品之间对于设计的风格、特征元素的应用都具有延续性。只有这样才有利于在用户心中形成稳定的产品形象，进而便于认知与识别。"持恒性"更侧重于稳定与延续，也并非强调一成不变，产品形象需要根据市场、品牌、消费者需求、技术发展等多方面的因素，不断进行调整和改变。

## 三、产品形象地位

### （一）产品形象在企业战略中的地位

产品形象是企业形象的重要组成部分，是企业在经营与竞争环境中设计和塑造企业形象的有力手段。通过产品形象将企业经营思想、商业行为、特色与个性进行整体性、组织性、系统性的传达，以获得社会公众的认同、喜爱和支持。

## （二）产品形象在企业管理中的地位

此处所讲的企业管理是指，从企业文化视角出发，通过总结和提炼企业的发展历史、经营理念、价值观、道德行为规范、发展方向和目标，形成全体员工的共识和行为规范，确定企业与众不同的鲜明个性和差异化优势，为提高企业素质、企业行为及员工素质的整体性、长期性、组织性和系统性所进行的科学而有效的管理方式。产品形象战略管理的内容是提供和增加企业难以用价值计算却又创造价值的无形资产，所管理的重点是一种事关企业生死荣辱的战略性资源，是保证企业自觉朝着正确的方向发展、巩固和发展竞争优势、创造更多经济效益和社会效益的基石性管理。

## （三）产品形象在企业识别中的地位

产品形象战略的导入和实施，使企业信息传递成为一种自主、有目的、有系统的组织行为。企业的特征、差异性优势、独具魅力的个性，通过产品形象战略针对性地展现给社会公众；同时引导、教育、说服社会公众并对企业产生认同与信心，以良好的企业形象获取社会公众的支持与合作（图4-14）。

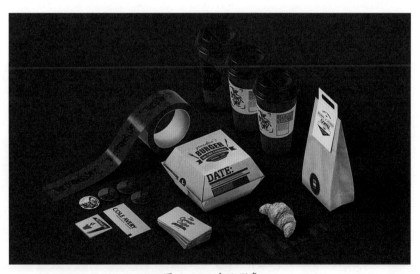

图4-14　产品形象

## （四）产品形象在企业协调中的地位

产品形象战略的导入具有两方面重要的协调功能：从企业内部关系协调看，共同的企业使命、经营理念、价值观和道德行为规范，能够强化企业的向心力和凝聚力，使企业员工产生强烈的使命感、责任感和荣誉感，从而生成坚实的组织力量，为推动企业各项事业的发展提供动力源；从企业外部关系协调看，完整、系统、有目的、有计划地实施产品形象战略，塑造出良好的企业形象，必然会赢得社会公众的好感，从而密切企业与消费者及社会公众之间的关系，为企业长期、健康的发展奠定广泛而深厚的社会基础。

## （五）产品形象在企业传播中的地位

良好的企业形象不是自发形成的，而是依赖于企业长期有目的、有计划、有步骤、有措施的传播与塑造，是一个完整而复杂的系统工程。产品形象战略的实施，可充分发挥企业信息传名播誉的作用。通过科学的传播定位、统一性的传播方式与精心设计的传播内容、系统性的传播手段、恰如其分的时机选择以及合理的传播频率与强度，将信息准确无误地传递给社会大众，在提高企业的知名度、美誉度方面发挥着其他因素难以产生的巨大作用（图4-15）。

产品视觉形象的统一性是企业形象在产品系统中的具体表现，在企业形象的视觉统一识别的基础上，以企业的标志、图形、标准字体、标准色彩、组合规范、使用规范为基础要素，应用到产品设计要素的各个环节中。产品的特性及企业的精神理念透过产品的整体视觉传达系统形成强有力的冲击力，将具体可视的产品外部形象与其内在的特质有机融成一体，以传达信息。产品视觉形象的统一性以视觉化的设

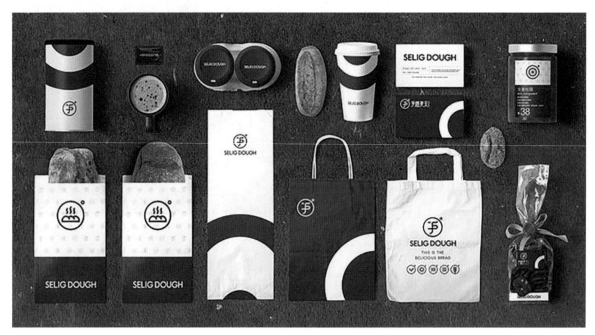

图 4-15　"手感麦夫·面包"核桃品牌形象设计

计要素为中心，塑造独特的形象个性，以供社会大众识别认同。

## 四、产品形象风格作用

图 4-16　布鲁诺·萨科

奔驰汽车前设计师布鲁诺·萨科提出家族设计亮点：一是不能让前代车型的外形在换代后立即显得过时；二是要有一些共同的外观特征，易于辨认和识别，也为日后套用家族设计的品牌奠定了参考（图4-16）。

### （一）增强品牌识别度

如何从纷繁的同类品牌中脱颖而出，除了在宣传和营销方面尽心布局外，更多的成熟品牌还有其独到的杀手锏，那就是多年来不断累积的产品形象，这种延续以及发展演进逐步形成了产品的外观风格，增强了品牌的识别度。

品牌通过高品质产品和服务在市场上树立良好的企业形象，从而增强顾客对企业的美誉度和信任度。这种经验、感知、印象在顾客购买行为中，往往起着决定性和长期性的作用。它不仅能使企业保持原有的忠实顾客群，而且能吸引更多的新顾客；不仅能巩固原有的购买信心，而且能在广度和深度上影响公众态度，形成新的顾客群，从而加速新产品推进市场的速度，减少销售推广费用和市场风险（图4-17）。

图 4-17　苹果系列产品

### （二）良好的产品形象有助于增强企业的凝聚力

具有良好产品形象的企业会产生强大的磁铁效应，培育员工的归属感和使命感，形成强大的向心力和凝聚力。这种强大的向心力和凝聚力形成了内聚的黏合效应，为创造市场竞争优势提供人才支持，创造团结进取、竞争向上的组织氛围，为员工营造施展聪明才智的良好环境。

### （三）良好的产品形象有助于提高企业的竞争能力

由于科技进步和劳动生产率的提高，制造业进入成熟化和标准化阶段，导致企业之间的竞争从质量、功能、价格、技术、规模转向企业声誉和企业形象。具有良好产品形象的企业更容易为市场所承认和接受，具有良好品牌声誉的产品更容易为广大消费者所喜爱和竞相购买，从而大幅增强企业的竞争实力，使之在激烈的市场竞争中立于不败之地。

### （四）良好的产品形象有助于企业获得社会效益

经过长期努力建立起企业与公众之间令人满意的状态，并以此为基础形成的良好产品形象，是企业宝贵的无形财富。企业因此可获得良好的商业效益，同时可获得人们的信任和喜爱，赢得更广泛的社会支持，从而获得更大的社会效益。

### （五）良好的产品形象有助于提高企业管理水平

现代营销管理理论"4PS"强调产品（Product）、价格（Price）、促销（Promotion）、渠道（Place）以及策略（Strategy）的整体组合管理，旨在顺从和适应企业的外部环境。企业公众形象如同"4PS"一样是企业的可控因素，但它是一种高层次管理。

（1）企业形象以"4PS"为基础，不仅反映"4PS"的经营管理水平，而且综合反映企业整体实力以及先进的经营思想和管理方式。

（2）企业形象是一种高层次竞争策略，说"虚"其实并不虚，而是一种可感知的客观存在，就像室内的空气一样可以使人感到清爽，也可以使人感到郁闷。良好的产品形象同样能够带来丰厚的利润回报。

（3）产品形象绝非自然形成，从规划设计到传播塑造必须进行科学的管理，也要得到包括消费者在内的社会大众的承认和喜爱。因此，产品形象塑造属于高级、复杂、综合的营销管理。注重产品形象的塑造和管理，对提高管理人员素质和营销管理水平具有十分重要的推动作用。

## 五、品牌形象与产品形象的关系

品牌形象可分为内在形象和外在形象。内在形象主要包括产品形象及文化形象；外在形象则包括品牌标识系统形象与品牌在市场、消费者中表现的信誉。

产品是品牌的基础，产品形象是与品牌的功能性特征相联系的形象。潜在消费者对品牌的大部分认知是通过对其产品的认知来体现的，能满足消费者物质或心理的需求，与产品息息相关。如奔驰牌轿车的品牌形象首先来自其安全、舒适的产品特点。当潜在消费者对产品评价很高而产生较强的认同感时，就会把这种信赖转移到品牌上，从而形成良好的品牌形象。"无印良品"品牌所包含的不仅仅是无限简洁的产品款式，也不仅仅是从产品上散发的浓厚文艺气息，更是它所体现的日本乃至全世界设计界认为是当代最有代表性的"禅的美学"，以及消费者生活在无印良品的世界得到的那种归宿感（图4-18）。

### （一）品牌形象指导产品形象

品牌形象是品牌概念的延伸。产品形象则是具体生动、具象的物质范畴。品牌形象是品牌的视觉化表现，是相对抽象的、对品牌内涵

图 4-18 "无印良品"品牌

高度提炼的精神概念，是企业整体形象的根本。品牌形象往往早于产品形象而出现，产品的策划离不开品牌形象的指引。比如，如果某一个品牌形象希望给人一种"科技"的概念，那么该产品就必须在功能界定、图形设计甚至表面处理等很多细节上表现出科技的内在含量和外在表现，着力烘托"科技"的意味。

例如，奥迪是全球汽车巨头中对科技投入较大的企业之一，其采用差异化竞争方式，无论是灯光技术、人机交互系统、自动驾驶还是车联网等方面皆非常出色（图4-19）。

### （二）产品形象影响品牌形象

产品形象是产品概念的延伸，是具体产品的集合展示给消费者对该品牌产品的视觉认知，由此而产生对品牌的风格认同。产品的设计、开发、生产影响着品牌形象，尤其是品牌初创期，品牌形象从模糊变为清晰更需要产品形象的支撑。当潜在消费者对产品评价很高，产生较强的认同感后，就会把这种信赖转移到品牌形象上，对其品牌产生较高的评价，从而形成良好的品牌形象。

跨国品牌价值咨询公司Brand Finance每年都会制作一份有关全球

图 4-19 奥迪 e-tron SUV

最具影响力品牌的榜单。在此过程中，Brand Finance对多种因素进行分析，以在顾客和员工心中的声誉来衡量其资产，评估一家公司在营销领域的投资力度，以及营销和声誉对这家公司"经营业绩"产生的影响。每个品牌都会获得一个评分，满分为100分。如乐高（LEGO）公司成为该榜单2021年全球最有价的25大玩具品牌榜首企业（图4-20）。这家彩色塑料积木生产商，半个多世纪以来一直深受儿童和成人的喜爱。报告指出乐高（LEGO）公司"通常会避免分性别营销"，而是以同样的方式吸引"男孩和女孩"。随着人们日益担忧玩具可能对孩子，特别是女孩子的人生观和志向产生影响，乐高的这种方式受到了父母们的欢迎，从而乐高目标客户群的规模得以实现最大化。

图 4-20　乐高（LEGO）品牌

品牌形象与产品形象，两者密切相关并同步协调。从某种意义上来说，产品形象包含在品牌形象的范畴，是由不同部门负责具体操作的品牌形象的一部分。两者是在市场竞争中能够相互感应的孪生姐妹，应该同步地、协调地发展。

# 第四节
# 风格化识别构成

## 一、产品品质形象识别

产品的品质形象是形象的核心层次，包括产品规划、产品设计、产品生产、产品管理、产品销售、产品使用和产品服务等方面。人们通过对产品的使用，对产品的功能、性能质量以及在消费过程中所得到的优质服务，形成对产品形象一致性的体验。

## （一）产品规划

产品规划是企业实现产品战略的前提条件，是企业的重要业务流程，同时也是品牌建立竞争优势的重要手段。产品规划不仅要准确地识别和选择产品机会，而且要正确地确定产品规划项目的类型，以确定产品在企业内部的定位。

### 1.产品规划类型

产品规划要确定公司将开发的产品整体组合和产品上市时间；要明确新开发的产品将占据什么样的市场领域；要明确新开发的产品平台迎合了什么样的市场趋势和技术方向。品牌规划的产品一般包括以下四种类型。

（1）对现有产品的改良设计。

（2）基于现有产品平台开发的新产品。

（3）新产品平台。

（4）在新产品平台开发的新产品。

### 2.产品规划应遵循的准则

（1）对已有产品细分市场已十分明确，从而规划改良产品或现有平台的新产品，继续占有或扩大市场份额。

（2）对技术领先型产品，若无明显的竞争对手，规划可针对单一产品；若有潜在竞争对手，规划则可针对产品平台。

（3）品牌的产品规划应与企业的核心能力相适应。如果不适应就要采取相应措施，提高薄弱的核心能力，也可削减与核心能力不适应的项目。

（4）品牌的产品规划项目组合必须与企业的竞争策略保持一致。

（5）品牌的产品规划必须与企业的目标市场方向保持一致。

（6）产品规划应优先选取能使企业获得最大经济效益的项目。

（7）品牌的"中、长期产品规划"引发了企业的技术规划。技术规划应以品牌的"中、长期产品规划"为导向，并与"中、长期产品规划"协调发展。

### 3.产品规划的过程

（1）机会识别阶段。针对目标市场进行调查，分析、识别相关具体机会信息，形成机会描述和下一阶段优先级排序所需的市场数据信息（包括新产品机会市场的规模、增长率、竞争程度和获利潜力情况）。

（2）项目评价和优先级排序阶段。项目评价是对所筛选出的项目进行合理组合，使之与品牌的核心能力和竞争策略相匹配；绘制未来3~5年产品的规划路标。优先级排序是选择与企业的核心能力相适应的细分市场领域参与竞争；选择能支持品牌的竞争策略的产品类型，以及能带来经济成功的项目。

（3）分配资源和时间阶段。对优选项目组合，进行资源分配和开发时间安排，从而促使企业资源得到充分利用，也使规划的产品得到最好的实施。

（4）制订项目计划阶段。根据规划项目和资源分配的情况，制订下一年度项目详细计划，并做好项目实施前的各种准备工作，如项目环境、项目预算等。

4.产品规划的方法

（1）过程迭代。在机会识别阶段和优先级排序阶段存在过程迭代，如机会描述缺乏足够的市场信息数据，或在项目优先级确定后为了验证其正确性，需要返回上一流程阶段进行更深入的市场调查，以收集更多的客户信息；在优先级排序阶段和分配资源阶段存在过程迭代，在分配资源过程中发现资源与所规划的项目组合不相匹配时，需要返回对规划项目的优先级排序进行重新评价，并对规划项目进行重新选择。

（2）年度更新。企业的核心能力和竞争环境是动态变化的，根据设计开发团队、生产、营销和竞争环境的最新变化，品牌中、长期产品规划每年都需要进行迭代更新。

（3）半年调整。规划的项目在开发过程中随时都会出现各种问题，可以每半年对年度项目执行情况进行回顾分析。当认识到某个项目的任务不可行或有重大问题时，要及时对规划的项目进行调整。

## （二）产品品质生产

企业的核心是什么？可能是人才、资金等方面，然而核心必然是产品。产品可以是具体的商品，也可以是某种服务。产品品质是我们谈论产品的基础。例如，"华硕"品牌非常注重产品品质呈现，对产品细节的追求不遗余力。华硕在1997年开始做笔记本，比同行晚了近十年，然而企业要求设计开发团队所有的研发人员严控产品品质。1998年推出华硕第一款笔记本电脑P6300，这是一款相当厚的笔记本电脑，但是其品质非常好，刚上市就被俄罗斯宇航局选中，进入"和平号"空间站，成为宇航员们的工作用机，在太空平稳运行了600多天没有任何故障，成为全球率先探索外太空的笔记本电脑（图4-21）。在当时的情况下，笔记本电脑想进入外太空首先要克服的就是火箭在发射升空时所带来的强烈震动，在4～4.5G的上升加速度下，这种震动的幅度和冲击力，要比笔记本电脑从桌子掉到地上的情况要大得多！这也同时成就了华硕坚如磐石的产品形象。

图 4-21　华硕第一款笔记本电脑 P6300

### （三）产品的销售服务

销售服务是产品形象的延伸和附加，是以消费者为中心的直接体现，是为保证顾客所购产品的实际效果，完善维护企业形象的一系列服务工作。其作用如下：

1.全面地满足消费者的需求

销售服务是产品的重要组成因素之一，产品既包括能满足消费者使用要求的物质实体，又包括保证使用可靠性和信任感的非物质因素。

2.加强企业的竞争能力

销售服务是构成产品竞争能力的因素之一。我们经常说："第一件产品是靠广告推销出去的，第二件产品是靠服务售出的。"质量是产品竞争能力的源泉，价格是产品竞争能力的核心，销售服务则是产品竞争能力的保证。企业在市场营销中，必须采用多种形式，为消费者提供多方面的优质服务，增强企业的竞争能力。

3.提高企业信誉

完善的销售服务能保证企业"以消费者需求为中心"的目标实现，更重要的是通过完善的销售服务能不断提高企业的信誉、增强消费者对企业的信任，促进企业销量的增加。

4.提高产品质量与改善经营管理

生产和消费之间是互相依存、互为条件的。通过销售服务密切的产需关系，直接倾听顾客意见，有利于企业及时改进产品，不断调整营销策略，改善经营管理。经典的"海尔地瓜洗衣机"案例，海尔销往四川农村地区的洗衣机返修率高，维修人员发现原因是当地人用它洗地瓜，这显然是由于顾客使用产品不当造成的（图4-22）。多数企业会直接明确告知顾客洗衣机是洗衣服的，不是洗地瓜的，或为顾客修好洗衣机后，劝诫顾客以后不要再洗地瓜了，否则修理费用自付。海尔的工作人员却按照不同的思路思考：既然顾客用洗衣机洗地瓜，说明顾客有洗地瓜的需求。我们为什么不开发既能洗衣服，又能洗地瓜的洗衣机呢？由此海尔开发出了既能洗衣服又能洗地瓜的两用"地瓜"洗衣机，受到农民的欢迎并十分畅销。

图4-22 海尔"地瓜"洗衣机

## 二、产品理念形象识别

产品理念是产品的内在核心价值和文化内涵，包括产品中所包含的企业理念、精神、远景、品牌的文化观念以及设计开发中所坚持的概念、心理和意识形态等。产品理念将企业自身的独特文化融入产品设计中，通过向外传播，被消费者所普遍认同并形成辨识与识别，同时是企业产品设计开发、管理以及宣传销售的指导原则和依据。

在多数情况下，产品形象理念是对企业理念的一种细化，但两者又各有侧重。主要表现在：企业理念与产品理念所涵盖的范围不同，一个企业可以拥有多个品牌，而一个品牌可以有多条不同的产品线，因此需要根据不同的消费群体和产品定位的差异来制定针对性的产品理念，如宝洁旗下不同品牌所指定的产品定位各不相同，"沙宣"强调有型与个性；"飘柔"强调顺滑；"海飞丝"突出去屑；"潘婷"强调营养（图4-23）。

产品理念通过表达产品所蕴含的文化、价值以及情感信息来指导产品设计，对产品形象设计有着重要的意义。主要表现在：产品理念为产品的形象设计指明方向，是产品从整体到细节实现一致性与完整

图4-23 宝洁旗下不同品牌

性的保证。同时，所表达的企业价值观有助于促使消费者形成对产品及品牌的认同度和忠诚度。要达到以上两点，产品理念的清晰和连续是极其重要的。连续一贯的产品理念，并不在于创造某种新概念本身，而在于如何整理某种现有的思想，使之成为清晰的体系，以及用何种方式最终实现共同的语言。在确立意义、目标后，对现有的企业思想、元素加以调整，在形成产品理念形象的过程中，产品形象设计要特别强调整合和形成完整形象塑造。

## 三、产品视觉形象识别

产品视觉形象是产品主体本身所呈现的外部形象，是产品形象的有形表达。认知心理学认为，人们90%的信息来源于视觉。美国哈佛大学艺术心理学教授鲁道夫·阿恩海姆在其著作《视觉思维》中提出：人类能从外界中抽象并提炼出事物的视觉形象，并赋予其特定的精神意义，如果这种视觉形象能持续存在且具有特色，那么就会被人类所记忆和识别。

产品视觉形象是产品在市场推广过程中给消费者的视觉感受，包括产品形态、产品风格、产品包装及产品广告等，是通过色彩、形态、图形等诉求视觉的语言手段来呈现的。在产品的市场推广过程中，消费者是被动接受的，通过产品的视觉形象让消费者感受到产品的品质、产品的品牌内涵、产品的时代特点和产品要与消费者沟通的内容。设计师就要针对产品目标群体的年龄特点和性别特点、消费者是哪个年龄段、是男性还是女性等，用目标消费者喜欢的和容易接受的色彩、形态、图形等来设计产品展示的色彩语言、形状语言和诉求语言。

## 四、产品社会形象识别

产品社会形象包括产品社会认知、产品社会评价、产品社会效益、产品社会地位等内容。产品社会形象的塑造也存在着"皮格马利翁"效应，所谓"皮格马利翁"效应就是指一个人的情感和观念会下意识地受到别人的影响。人们会不自觉地接受自己喜欢、钦佩和崇拜的人的影响和暗示。同理，企业可以通过精益求精的产品品质、良好的服务以及投身公益事业来提升企业及产品在社会中的认知度，通过所塑造优秀的产品社会形象，以获取良好的社会效益和社会评价等。

# 第五节

# 产品风格化要素

## 一、形态要素

### （一）形态的概念

形态指事物在一定条件下的表现形式。在设计用语中，形态与造型往往混用，因为造型也属于表现形式，但两者却是不同的概念。造型是外在的表现形式，反映在设计上就是外部特征的表现形式。形态既是外在的表现，也是内在结构的表现形式，它更注重内在和外在的联系。

### （二）产品形态

在产品系统中，功能、结构等内在内容最终都要以一种外在的形式表现出来，这种外在形式就是产品形态。产品形态是产品与功能的中介，没有形态的作用就无法呈现产品的功能。如图4-24所示，新型高铁在原有的动力性能上，不仅模拟鹰隼和旗鱼，还重新设计了更优异的流线型外形，让车身的空气阻力下降了7%。

图 4-24　新型高铁

### （三）产品形态的特征

#### 1.产品形态具有美学性

形态使产品满足审美的需要，包括形式美、内容美、功能美等，而产品形态的塑造与功能、结构、造型、尺寸、比例、质感、颜色等因素分不开。通常所指的高性价比的汽车，以及具有科技感的无人机等都是符合形态美的设计（图4-25）。产品的形态美是吸引消费者最直接的因素，所以，在产品开发过程中，对形态审美的创造，是必不可少的一个环节。

图 4-25 无人机

### 2.产品形态具有功能性

产品形态通过体量、材质、工艺、色彩等不同的变化、块面的转折、形态的衔接、融合、关联或夸张等手段，表现不同的功能使用需要以及不同的企业或品牌形象。产品借助于外部形态特征，发挥产品自身的功能设置，实现用户使用和认知，进而成为实现企业或品牌形象塑造的重要载体。如图 4-26 所示马塞尔·布鲁尔设计的瓦西里椅，以钢管为椅子的结构支撑主材，采用软质皮革作为乘坐与倚靠的材料，保证了椅子的稳定与舒适性。

图 4-26 瓦西里椅

### 3.产品形态具有象征性

图 4-27 博世电动工具系列

通过形态设计体现出产品的技术特征、产品功能和内在品质，包括形态过渡、表面肌理、色彩搭配等方面的关系处理，体现产品的优异品质与精湛工艺。通过品牌标志、图形、工艺、造型、色彩、材料等方面，运用形态设计塑造档次象征，实现与产品目标市场定位相匹配的产品层级。如电器类、机械类及手工工具类产品，通过产品形态设计在保证功能使用操作体验的基础上，造型设计浑然饱满、形态整体、工艺精细、尺寸合理、避免误触的按钮开关设计等突出安全稳固的感觉（图4-27）。

## （四）产品形态的功能

形态能够诠释产品非"物"层面的意义，如精神、文化、语意、风格等。象征功能是形态更深层次的功能，它通过形态语言来传达产品的信息，它的功能主要有以下几方面。

（1）形态使产品具有解说力，使人可以很明确地判断出产品的属性，如电视机、微波炉、计算机显示器的外形虽然相似但却不会被认错。

（2）能够通过形态区分产品各部件的功能、结构的组织关系，如通过形态可辨认用于抓握的把手、带电的插头不可触碰、电池盒盖子可打开等。

（3）通过形态可读取品牌的内涵、文化内涵、情绪的表达等，如文创产品能够反映出地域文化特征，设计师阿莱西用清官形象作为元素为故宫博物院设计了系列文创产品，具有很强的中国文化风格（图4-28），奔驰G500汽车的各代产品都沿袭了老款的基因，在现代风格中又带有历史的回归，车型有很强的辨识度（图4-29）。形态的象征功能其实是利用了人特有的感知力，通过类比、隐喻、象征等手法描述产品及与产品相关的事物。

图 4-28　故宫博物院系列文创产品　　　图 4-29　奔驰 G500

## （五）产品形态与产品彩色的关系

产品形态通过有型的外在塑造了产品外观、实现了产品的功能，又通过无形的形态语言传达产品内在的信息。

在产品开发过程中，形态的创造不是孤立的环节，它与系统内部的多个因素产生着关联。主要体现在以下几个方面：

### 1.形态与形态结构

一件产品通常由多个不同的简单形体组合而构成总体形态。这种以使用功能为目的的基本形体间的相互关系称为产品的形态结构。不同的形态结构表现出产品形态设计的不同风格和特点。因此，在设计构思阶段就要充分考虑产品形态结构的合理性、宜人性以及所表现出的均衡、稳定、秩序、轻巧等效果。图4-30是两台功能相似、形态结构差异不大，但造型风格表现差异的医疗器械。

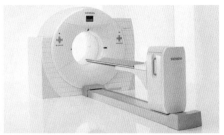

图 4-30　CT 机设计

### 2.形态与产品结构

产品结构是功能与形态的承担者，三者关系紧密。结构确定了产品比例尺度、内部组织关系。如图 4-31 所示，钢笔的笔头在下部而墨囊在上部，墨水依靠重力的原理实现书写功能，结构确定了部件的上下组织关系，在设计钢笔形态的过程中要遵循结构原理，选择最优的功能方案，并在审美的标准下完成形态设计。结构的形式非常复杂、多样化，设计师在设计过程中要内外结合，衔接好形态与结构的关系。

图 4-31　钢笔结构

### 3.单元形态

单元形态指组成产品系统的各个单元个体，如部件、模块、零件等。单元形态是根据产品所实现的各种功能确定的，如为满足运动、链接、紧固、显示、操作等要求，就产生了不同的单元形态。组成产品的单元之间相互联系又互相制约。所以单元形态设计是建立在产品系统总体结构设计和总体造型设计基础上的，要尽量保证单元形态之间的协调和统一。如图 4-32 所示，该跑步机由跑台、机架、显示屏等基本单元构成，跑台外包裹着转动的皮带，机架连接跑台和显示屏，是整体承重和技术承载的单元，各单元拆分开来都具有独立形态，互相之间又能够装配成完整的产品形态。

图 4-32　跑步机设计

### 4.尺度比例

单元形态本身的尺寸大小及单元与总体之间的比例关系也是形态设计的主要方面。尺度与比例的制定是在保证实现实用功能的前提下，以人的生理及心理需求为出发点，以数理逻辑理论为依据而进行的。正确的比例不仅能在视觉上产生美感，对功能也能起提升的作用。如图 4-33 所示，在自行车人机比例关系图中可见，它的各个部件都是按照骑行者的身材比例为参照进行设计的。如图 4-34 所示，游戏操纵杆的设计更是与人手尺寸、形状、抓握方式密不可分。

### 5.产品形态上的线

产品的形态中有很多线的表现形式，包括轮廓线、分割线、产品

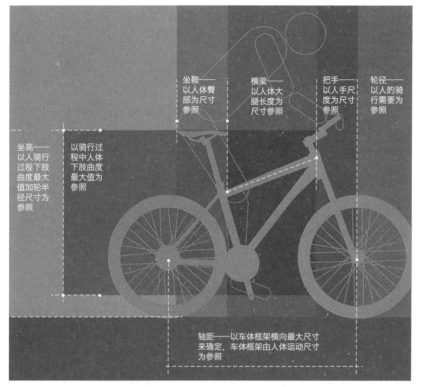

图 4-33　自行车人机比例关系图

图 4-34　游戏操纵杆的设计

表面装饰线、不同部件的分模线等（图 4-35～图 4-37）。它是极富有
表现力的视觉元素，可以起到塑造产品风格、表达设计情感、丰富产
品设计细节、增强造型设计层次感等作用。此外，线还具有一定的功
能性，分割线划分产品形体不同功能区间，分模线是生产制造工艺要
求对产品外壳位置和走向的分体线。如图 4-38 所示，是不同材料模块
的结合而形成的线，经过设计还能起到增加设计细节的效果。设计师
进行产品形态创造的过程中，要从产品的功能和结构特点、产品气质、
整体形式美感等角度综合考虑线性的设计。

图 4-35　产品的轮廓线

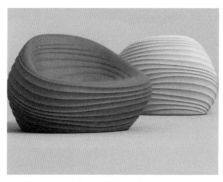

图 4-36　产品形态上的结构装饰线

图 4-37　不同部件的分模线

图 4-38 两种材料形成的线

**6.产品形态与材料的选择**

材料是产品形态的物质条件，它具有不同的特性。在选择材料时，要综合考虑产品系统各要素的关系，根据产品的结构、功能的要求，选择适宜的材料，为产品形态的多方案设计提供各种可行的依据。在产品形态设计过程中应发挥材料本身的自然美，将材质的特性糅合进产品形态的创造中，使产品更具美感。

**7.产品表面处理**

产品的表面处理内容主要体现在加工工艺和外观装饰方面，如漆艺、压纹、涂装等。表面处理工艺粗糙、装饰不当会使造型优美的产品黯然失色。在生产条件允许的情况下，合理地选择加工工艺来进行表面细节的处理，对形态、功能、质量都有很大的提升。

**8.色彩搭配**

色彩具备审美和装饰性，具备符号意义和象征意义。对色彩的感受受到所处时代、社会、文化、地区和生活方式习俗等的影响，反映着追求时代潮流的倾向。色彩是附着在形态上的视觉元素，常常通过材质色、表面处理、光效的方式体现，色彩设计要依据产品表达的主题，体现出功能的诉求。

**9.信息采集**

产品可以通过形态体现文化意义，设计师可以把文化元素融入形态的创造中，使产品具有文化内涵。文化融入形态的过程，需要设计师对文化有足够的了解。要关注各种设计风格，关注科技发展，植根优秀民族文化，不断吸收当代先进的设计思想、理念，才能有深度的发掘文化元素，并创造出有文化象征意义的优秀产品。

## 二、色彩要素

### （一）产品的色彩

色彩在产品系统中并非孤立地存在，它与形态、材料、结构等因素构建了整个产品的样貌。作为产品设计中的视觉要素，色彩与形态往往一起讨论。例如，人们看到一个产品，首先是外形，但如果给这个产品不同的色彩，它就会呈现不同的面貌，给人不同的感受。如图4-39所示，相同款式不同配色的工作椅，给人的感受不尽相同。在感性层面，产品的色彩可以悦人眼目，提升产品的视觉美感。如图4-40所示，三种不同色彩的PH灯的设计给人的感受各不相同，黄色时尚、白色干净、黑色沉稳。另外，通过对产品色彩的管理，还可以有效改善产品功能、提升产品在市场的认知度。

图 4-39　不同色彩的座椅

图 4-40　不同色彩的 PH 灯

## （二）色彩与功能

在产品系统设计中，利用色彩的原理与特性，可有助于产品功能的发挥。

色彩首先是一种视觉要素。人能够看到并分辨颜色，全赖眼睛的生理特性。因此，在色觉方面，人类具有共性的一面。例如，人眼对波长较长的红色、黄色较为敏感，这些具有扩张效果的色彩往往会用于警示、强调。而波长较短的蓝紫等色，则会给人收缩、寒冷的感觉，这些颜色的物体往往给人缩小、后退的错觉。另外，不同的文化背景下色彩的含义也不尽相同。人们会根据传统习惯对色彩做约定俗成的定义与解读。例如红色，在东方代表喜庆、吉祥，而在西方文化则代表血液、牺牲。

根据色彩特性，可将色彩与功能的关系总结为以下几方面。

### 1.以色彩对功能进行提醒、暗示

色彩结合形态，可以对产品的功能进行提醒。例如，机器设备上颜色醒目的按钮，往往是在暗示它的功能在产品中格外重要。如高铁上紧急制动阀使用红色进行提醒（图 4-41）。这主要是基于人眼对色彩的本能感知，它遵循了视觉对色彩的选择规律。

图 4-41 高铁上红色的紧急制动阀及红色紧急按钮

### 2. 以色彩制约、引导行为

人们在产品设计中为色彩赋予了特定的含义，如绿色通常代表环保、平静、畅通，红色则有危险、禁止、警告等含义。利用色彩的这些特性，可以有效制约人的行为，避免某些不利行为，引导人们向有利的方面作用。如国际通用的交通信号灯，红绿黄分别代表停止、通行、等待（图4-42）。在这方面，尽管许多色彩的含义具有国际通行的标准，但因地域文化各异，人们对色彩的理解不尽相同，色彩的制约、引导作用也会出现差异。

### 3. 以色彩象征功能

色彩的象征意义有些是根据色彩自身特性而定，也有些与文化习惯有关。例如在世界范围内，消防车都会选择红色，这首先是因为红色的扩张作用；久而久之，红色成了消防车的象征符号。但象征功能的色彩在每个文化背景下可能出现差异，例如我国以绿色为邮政专属色彩，邮筒、邮政车辆、邮递员服装等都是绿色；而在美国则是灰色，法国用黄色、英国用红色（图4-43 ~ 图4-45）。

图 4-42 国际通用的交通信号灯

图 4-43 中国绿色邮筒 　图 4-44 法国黄色邮筒 　图 4-45 英国红色邮筒

#### 4.以区分产品的功能和属性

产品的功能以及属性特征也可以用色彩来区分。例如在家电的分类中，通常会分为白色家电、黑色家电、米色家电等，白色家电指的是空调、洗衣机等居家产品；黑色家电主要指电视机、音响等娱乐电器；米色家电则是计算机等信息产品。这就是人们根据产品的不同功能属性，对色彩印象的分类。同一类产品，不同的色彩方案使之适应不同目标消费者，对其色彩进行区分，实际上也是对其功能的区分。如图4-46所示，卡西欧电子手表中，专业级的产品配色往往以黑、蓝、深灰为主，而主打时尚、美观并具有玩具属性的产品则会采用色彩较为丰富、明亮、跳跃的色彩搭配。

图4-46　卡西欧系列产品配图

以上是色彩与产品功能的几点关系，而在实际运用中，色彩在功能方面的体现是综合性的，有时候可以叠加。

## 三、材质要素

### （一）材料的作用

在日常生活中，存在着各种各样、种类丰富的产品，它们出现在我们的周围、身边、手中，如日行万里的高铁、随处可借的共享单车、功能强大的手机等。甚至在我们身体的内部，如假牙、心脏起搏器、固定骨骼用的钢针等。这些产品为我们带来了便捷，使生活变得更丰富。而构成这些产品的是各种不同种类、不同特性的材料。

材料是各种产品的物质基础，可以说各种材料和新工艺的不断开发和利用，推动了社会的发展，推动了工业文明的进程。人们通过工艺过程，使材料具有一定的形状、结构、尺寸和表面特征，从而成了产品，并具备了远超过材料本身价值的使用价值和审美价值。这也是人类不断寻求新材料、新工艺的源动力。

在产品系统开发的过程中，材料设计环节决定着产品的功能、结构、性能、形态等要素能否达到综合预期效果。材料是多种多样的，它们有着不同的质地、色泽、性能、加工工艺，随着技术的进步，新材料也层出不穷，使产品材料的可选择性变得非常大。但是，材料最优的选择方案，能够提升产品的性能、使产品具有好的质感和外观，对于节约产品开发的成本、简化生产制造的工艺流程、保护环境都有重要的作用。可以说，是否合理地选择材料，对产品生命周期的全流程都有影响。

### （二）材料的选择

材料之于设计，就像巧妇手中的食材，有了合适的食材，才能烹饪出美味的饭菜。设计师用对了材料，才能创造出兼功能与美感于一身的产品。产品开发过程中，材料的选择受多方因素的影响，如材料性能、经济条件、环境因素、科技发展、制造工艺等，设计师应把材料与产品看作一个完整的系统，从系统论的角度来对材料进行抉择与设计。材料的选择应从以下几个方面考虑。

#### 1.质感

材料的表面呈现质感，它给人以触觉和视觉的综合印象，能够直接影响产品外观的呈现效果。任何材料都有与众不同的特殊质感，质感由材料特有的色彩、光泽、形态、纹理、冷暖、粗细、软硬和透明等多种特性形成，也可以通过不同的人为加工方法获得更加丰富的变化效果。

质感对产品系统创造的影响主要来自人的触觉感受和视觉感受。如生活中，有纹理的塑料自行车把手让人觉得抓握舒服，更能起到防滑不脱手的效果；金属精加工的锅具表面精致又干净，也能起到不粘锅、易清洗的作用；陶瓷高光的釉面呈现高级感；婴儿使用的硅胶奶瓶具有亲肤、柔和的效果；将玻璃与灯光结合运用的哈曼卡顿音响体现精致和科技的创意。这些设计是将材料的特性与产品的功能充分结合，既关注视觉效果也注重了触觉体验。材料选择过程中，对于使用者视觉与触觉感受进行分析，从而对产品质感进行设计，是产品开发过程中不可缺少的一个环节。如图4-47～图4-49所示，婴儿喂食勺子、游戏手柄、汽车防爆轮胎均使用了橡胶材料，但根据产品不同的功能需求，通过不同的加工工艺呈现出不一样的质感，质感本身也从触觉和视觉的角度反映出产品的特性。

图4-47　婴儿喂食勺子

**2.材料性能**

材料性能包括强度、韧度、硬度、密度、熔点、耐酸碱度、抗氧化性、导电性、热膨胀性等。

产品功能的不同，对产品性能有不同的要求。如用于踩踏的产品与用于抓握的产品受力情况不同，对材料强度的要求就不相同；用于牵拉的产品对材料的柔韧性有很高的要求，要避免断裂；穿戴设备上的材料质量要轻，要满足使用者外出长期穿戴的需要。

图4-48　X-BOX游戏手柄

产品使用的环境不同对材料性能的要求也不相同。材料的选择必须能够适应环境条件的变化和周围介质破坏的情况，如室内室外环境、寒冷炎热、风吹雨打日晒、酸碱变化等。外部条件的变化会改变材料内部构造，出现褪色、风化、腐蚀、生锈等情况。通过对极端环境条件的分析，合理选择性能适合的材料，能够最大化发挥产品的功能、增长产品使用的寿命、节约部件损坏后维修更换的成本。

图4-49　汽车防爆轮胎

**3.材料的工艺**

材料的工艺包括加工成型工艺和表面处理工艺，不同材料有不同的工艺。在材料选择过程中，要充分了解各种材料的工艺过程，不要出现一味只强调材料特性而工艺无法完成的情况。

材料工艺还与产品开发成本相关，过于复杂的工艺流程会影响产品生产的进度、增加工人的劳动时间和不必要的资源浪费。材料的工艺与环境因素关系密切，有污染的工艺流程会对环境造成污染，增加环保成本，所以，在选择材料时还应综合考虑材料的工艺，尽量选择环保工艺的材料。

**4.材料与环境**

工业生产对人类环境造成了很大的破坏，设计师要关注环保问题，具备高度的环保意识，在设计环节充分考虑环境保护问题，尤其是材料选择的环节。

产品在生产、使用、回收过程都应尽可能少地产生污染。从材料选择的角度来考虑环境保护问题，应该在设计最早阶段就考虑材料的选择是否会对环境造成影响。

选择适合产品功能用途的材料，按实际的功能要求标准对材料进行选择。过高标准的材料可能出现不必要的材料性能浪费，或会造成因一味追求高标准使工艺过于复杂而对资源造成的浪费。

充分考虑材料回收利用问题。材料二次甚至更多次的利用能够有效提高资源利用率，回收利用过程要考虑材料的特性及设计回收材料再利用的产品形式。如欧洲一个设计师小组利用塑料瓶、塑料袋、玩具和包装材料经粉碎、压缩制成的材料生产了一系列实验性的产品，其中包括街头及家庭用的垃圾箱。这个案例很好地利用了回收材料的特性。

在选择产品材料时，也应考虑产品在使用中和弃用后是否产生危害。如一些装修材料会释放有毒物质，电池废弃后会对自然环境造成污染。

### （三）材料节约原则

无论是从产品成本的节约还是从环境保护的角度，产品开发过程中材料的节约都是非常有价值的。从设计师的职能角度来实现材料节约目标，可以从以下几个方面着手。

（1）为设计作减法。一般而言，设计越简单，所用的材料越少。但是要综合评价设计简化后是否会产生额外环节的隐形浪费。

（2）优化产品造型设计，避免纯粹装饰性的造型。

（3）产品微型化。随着电子元器件越做越小，不少产品的体积大幅缩小，产品体量的减少能够大幅减少材料的使用。产品的微型化有时也是产品创新的一个方法。

（4）产品的多功能化。将不同产品的功能集成为一体，可以减少空间的占用，并相应减少材料的用量。比如集成灶的设计构想。但是，多功能的选择要综合考虑需求情况，避免出现功能过剩的产品，从而造成浪费。

## 四、功能要素

### （一）产品功能

功能是指产品所具有的特定的职能，即产品总体的功用和用途。产品的功能则指产品能够做什么或能够提供什么功效。产品的实质是功能的载体，它通过综合结构、外观、内部技术模块、材料等实现功能。消费者购买产品的实体，实际上是为了购买产品所具有的功能和产品使用的性能。例如，购买电瓶车的代步功能、购买空调的空气调节功能、购买手机的通信功能等。

产品开发过程中的设计、制造等一系列活动，实际都是在实现产品的功能价值。如一支简单的铅笔由木质的笔杆和石墨笔芯组成，在设计过程需要考虑笔杆的截面尺寸、笔杆长度、笔芯粗细度、抓握舒适性、笔芯装配进笔杆里的工艺流程等，这些细节的设计都是基于满足书写功能的实现而展开的。

产品具备功能是它存在的基础，若产品的功能失效了，就要进行维修，否则产品就会报废。产品功能衰减、功能过时、功能不足等原因，都会促使产品被淘汰。

## （二）产品功能分析

功能在产品系统诸要素中占首要地位，决定着产品以及整个产品系统的意义。在产品开发过程中，设计师要站在不同的角度对产品的功能进行缜密的推敲。产品功能的确立，与多个因素相关，举个较简单的例子来说明。水杯在市场上有成千上万种，有具有保温功能的、电热功能的、榨汁功能的、泡茶功能的……水杯品质有好有坏，价格从个位数到千位数不等，是一个全群体都有需求的产品类型。生产水杯的企业实力大不相同，诸多因素的差异性造就了千差万别的水杯个体。一件产品的功能实现，涉及非常多的内容，产品的功能分析可以从用户、产品、企业这三个角度展开（图4-50）。

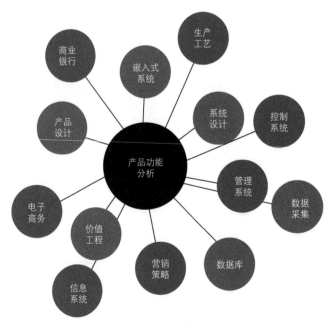

图 4-50　产品功能分析基于领域和知识层级示意图

### 1.站在用户的角度

明确用户对产品的功能要求，以及产品应具备的功能内容、功能水平。使用者的反馈意见，影响着产品功能设计的方向，是产品功能优劣的评价标准。诸如使用体验、人机交互体验等就是从用户的角度展开产品功能合理性的设计。

### 2.站在产品的角度

分析产品功能还应包括结构、材料、技术、工艺等实质的内容。产品实体是构成功能的物质基础，通过对各个物质环节的分析，能够更好地辅助功能的实现。例如，从结构的角度对铅笔进行分析，能够更准确、深入地发现自动铅笔笔芯易断的问题。但是分析的终极目的是书写功能的实现，解决铅笔芯易断问题时应以书写功能作为基础，最终还应回归到功能分析的层面上。

### 3.站在企业的角度

主要是从经济的角度来考虑产品实现每项功能的性价比，考虑企业是否具备实现该功能的资金投入、生产条件、时间周期、人员投入等现实的因素，产品功能实现还要从企业能否盈利的角度来考虑。

## （三）产品功能的分类

产品及其零部件或构成要素，往往需要若干个功能，由于它们所承担的角色轻重不一，使用性质也不尽相同。因此，需要加以分类区别，以便在功能分析时区别对待。如表4-1为以智能电饭锅功能分类为例的方法。

### 表 4-1　智能电饭锅功能分类

| 名称 | 分类条件 | 功能分类 | 按功能的重要性分 | 固有功能 | 转移功能 | 备注 |
|---|---|---|---|---|---|---|
| 智能电饭锅 | 按需求性质分 | 使用功能 | 主要功能 | 蒸煮米饭 | 软硬可调节 | 控温控水控时 |
| | | | 附属功能 | 预约功能、其他烹饪程序选择 | 网络远程预约；蒸、炖、保温 | App端功能更详细 |
| | | 精神功能 | | | 豪华的科技的 | 外形完整，不切割，触控、指示灯隐藏 |
| | 按需求分类 | 必要功能 | | 蒸煮米饭 | | |
| | | 不必要功能 | | 时钟、照明、遥控 | | |

### 1.按需求性质分类——使用功能和精神功能

使用功能是指产品所具有的特定用途，体现产品使用目的的功能。这里也包括与技术、经济用途直接有关的功能。如普通自行车的使用功能是骑行，共享单车的使用功能也是骑行。虽然它们的所有者不同，但是从使用需求的角度来看是一致的。

精神功能是指影响使用者心理感受和主观意识的功能，也可称为心理功能。如使用者是通过产品的样式、造型、质感、色彩等产生不同感觉，诸如豪华感、现代感、技术感、美感等。

### 2.按功能的重要性分类——主要功能和附属功能

主要功能是指与设计生产产品的主要的直接相关的功能，这是产品存在的理由，对于使用者来说，这是必要的基本功能。否则，产品也就失去了存在的意义。如自行车的主要功能是骑行，如果失去了骑行功能它就失去了存在的意义。

附属功能是辅助主要功能更好地实现其目的的功能，有时也是不可缺少的功能。如自行车上的座鞍属于附件，在骑行过程中能够支撑身体上半身的重量，为骑行带来方便。没有座鞍的自行车依然能够骑行，而一种专用于攀爬的自行车就没有设置座鞍。但坐的功能在长途骑行过程中是不可缺少的。

### 3.按需求分类——必要功能和不必要功能

产品功能的必要性是相对而言的。必要功能与不必要功能、主要功能与附属功能等，都是一个动态的概念。使用者的需求发生了变化，也必然会影响到功能的必要性。主要功能与附属功能也会在某种情况下发生转换。例如，常规情况下手机的必要功能是打电话、发信息、上网等，集成的手电筒功能是不必要功能，但是，面临夜行情况时，手电筒功能就变得很有必要。

### 4.按需求满意度分类——不足功能、过剩功能和适度功能

功能不足是指必要功能没有达到预定目标。功能不足的原因是多方面的，例如，因结构不合理、选材不合理而造成强度不足，可靠性、安全性、耐用性不够等。过剩功能是指超出使用需求的必要功能。过剩功能又可分为功能内容过剩和功能水平过剩。功能内容过剩——附属功能多余或使用率不高而成为不必要的功能；功能水平过剩是指为实现必要功能的目的，在安全性、可靠性、耐用性等方面采用过高的指标。

## （四）产品功能定义

功能定义指用抽象的语言将产品所需的功能进行描述。是将用户所需和产品提供的各种功能，用科学、准确、简洁的语言进行描述的过程。也是对产品和人们的需求进行本质的抽象过程。

在产品功能分析法运用过程中，按照语言的语法组织结构，将产品作为描述功能的主语，而将产品、产品附件或产品零部件的功能作为谓语动词和宾语名词，通过构建短句将产品功能从产品实体中抽象出来，从而明确产品和部件或构成要素的功能性。这样更有利于根据特定的功能，实现该功能的结构、材料、工艺等方案（图4-51~图4-53，表4-2）。

图4-51　手表功能定义

图4-52　水杯功能定义

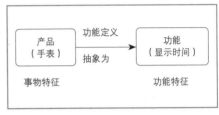

图4-53　功能定义示意图

表4-2　功能定义实例

| 对象 | 动词 | 名词 |
| --- | --- | --- |
| 电灯 | 提供 | 光通量 |
| 电表 | 度量 | 电量 |
| 桌腿 | 支撑 | 重量 |
| 传动轴 | 传递（承受） | 转矩 |
| 滑轮组 | 节省（改变） | 力量（方向） |

产品的功能定义过程应该注意以下几点。

（1）要简洁、明了、准确。

（2）产品功能定义的目的是对产品功能的本质进行研究，不能把产品功能定义表达得过于复杂，容易使人产生误解，无法准确地把握功能的实质，也就无法寻找到该功能的有效技术途径。

（3）用名词进行描述时，宾语名词的使用应贴切，尽量用可计量的名词，如桌腿定义为"支撑重量"而不用"支撑桌面"。

（4）尽可能用一个动词和一个名词来表达，动词决定着实现这一功能的方法和手段，名词则决定该功能的属性。

## （五）产品功能系统图

功能系统图是一种表示功能间相互关系的图，在产品系统的价值评价中用来进行功能整理，它能够清楚地显示出产品功能系统实现的思路，能够明确产品各层级功能间相互成就的关系（图4-54）。在功能系统图操作过程中，将产品各功能按照"目的""手段"的顺序进行排列，将最基本的目的功能放在左边，叫作上位功能（如图4-54中FO）；实现该功能的手段顺延放置于上位功能的右侧，为下位功能（如图4-54中F1、F2）。往往下位功能的实现也需要表示它的手段，它就会成为第二级的上位功能，实现它的手段顺延放在第三队列成为第二级的下位功能（如图4-54中F11、F12、F21、F22……）。以此类推，直到末位功能无法再分为止。如此依照"目的"和"手段"的关系，将各部分的功能在整个系统中的地位表现出来，就得到该产品的功能系统图。

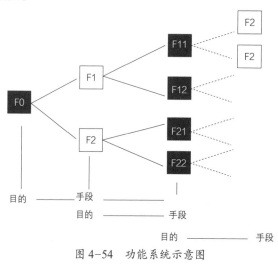

图 4-54　功能系统示意图

对于较复杂的产品来说，为了实现最上位功能，往往需要几个必不可少的手段功能，于是在最上位功能之后形成几个功能分系统，称为功能区。

功能系统图适合应用于功能构想已明确的情况，但现实情况往往是设计过程中功能与手段仍然处于构想阶段，构思均未定型，使用功能系统图对功能进行整理存在一定困难。在多次教学实践过程中，对功能系统图做了调整，在遵循功能上下位关系的基础上，将目的独立出来，对实现功能的手段进行解释，并拆分问题、提出多种解决手段，旨在通过多手段的思路寻找最佳方案，推敲上下位功能的逻辑性，具体操作如图4-55所示。其中黄色代表目的或问题，红色代表手段，目的是对手段的解释，手段是实现目的的方法。

图4-56、图4-57是教学过程中，学生以4人小组为单位完成的功能逻辑推敲图。它能通过发散的方法来推敲功能的逻辑关系，对于构

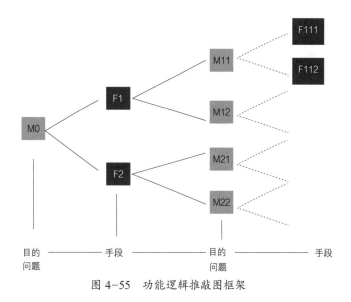

图 4-55　功能逻辑推敲图框架

想创意、规划功能上下位关系有很大的帮助。

# 五、结构要素

## （一）产品结构

结构由产品的外壳体、电子元部件、机械部件、连接件等组成。如自行车的结构由车轮、车把、车架、车坐、驱动系统、刹车系统等组成（图4-58）。

结构承载着产品的功能，它内部诸要素的组织关系是以产品功能的实现为标准，受到诸如材料特性、生产工艺、力学原理、产品使用环境等因素的影响；结构设计决定着产品性能的可靠性，通俗来说，产品结构设计做得好，才能保证产品性能良好，牢固耐用，才能体现出吸引消费者购买的内涵价值；结构还是产品外观的承载者，它将体现产品外观的壳体与产品内部各功能结构相连接，好看的外观还要有好用的功能、耐用的结构。

产品开发过程中，设计过程包含产品外观设计和产品结构设计两个环节，外观设计师负责产品功能、外观等创意方面的设计，结构工程师负责结构设计。功能系统与结构系统是共存于产品之中的，产品的功能、外观要依靠结构来实现。所以，设计师在做创意设计时，需要提前协调好外观和结构之间的关系，与结构工程师进行有效的衔接工作，才能保证产品开发的顺利进行，这也是系统设计的特点。

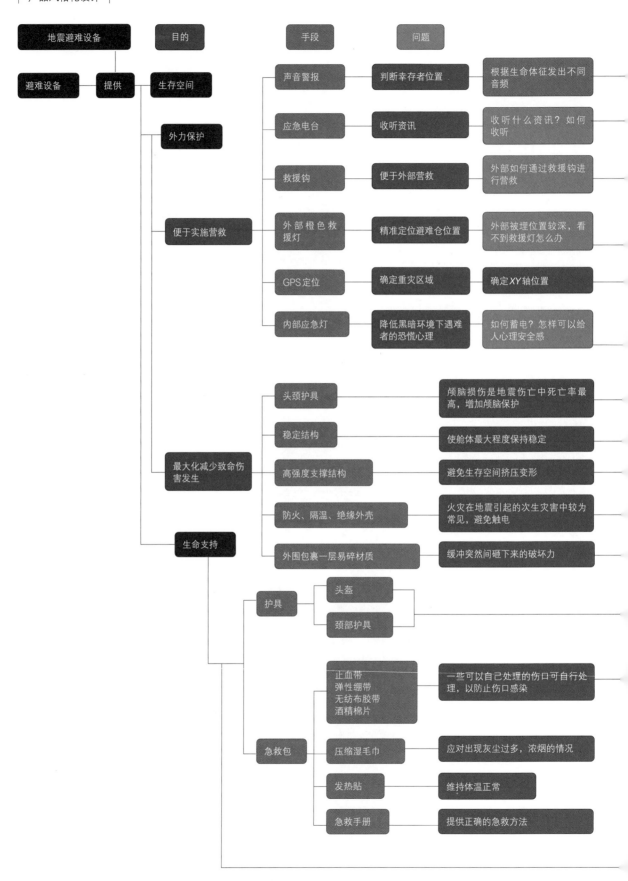

图 4-56 地震避难仓功能逻辑推敲图

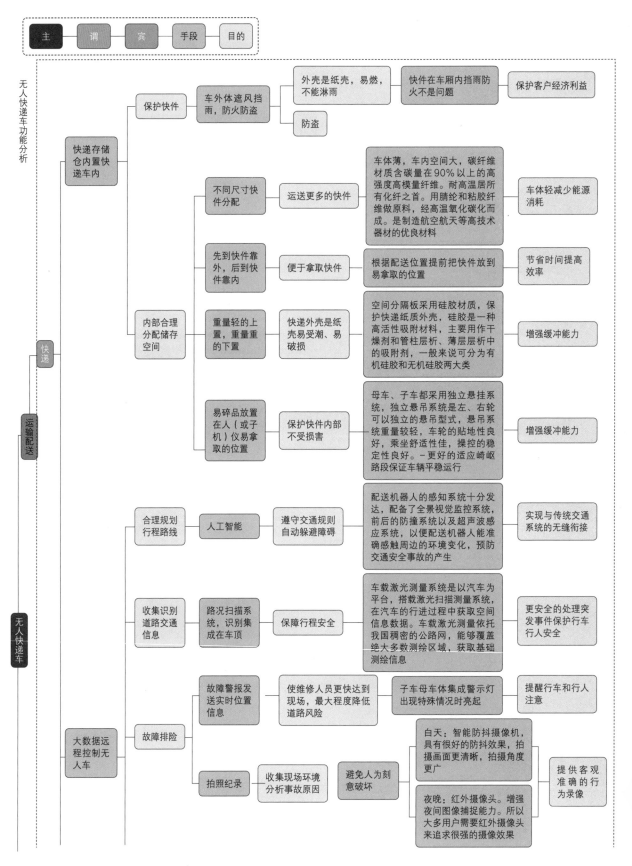

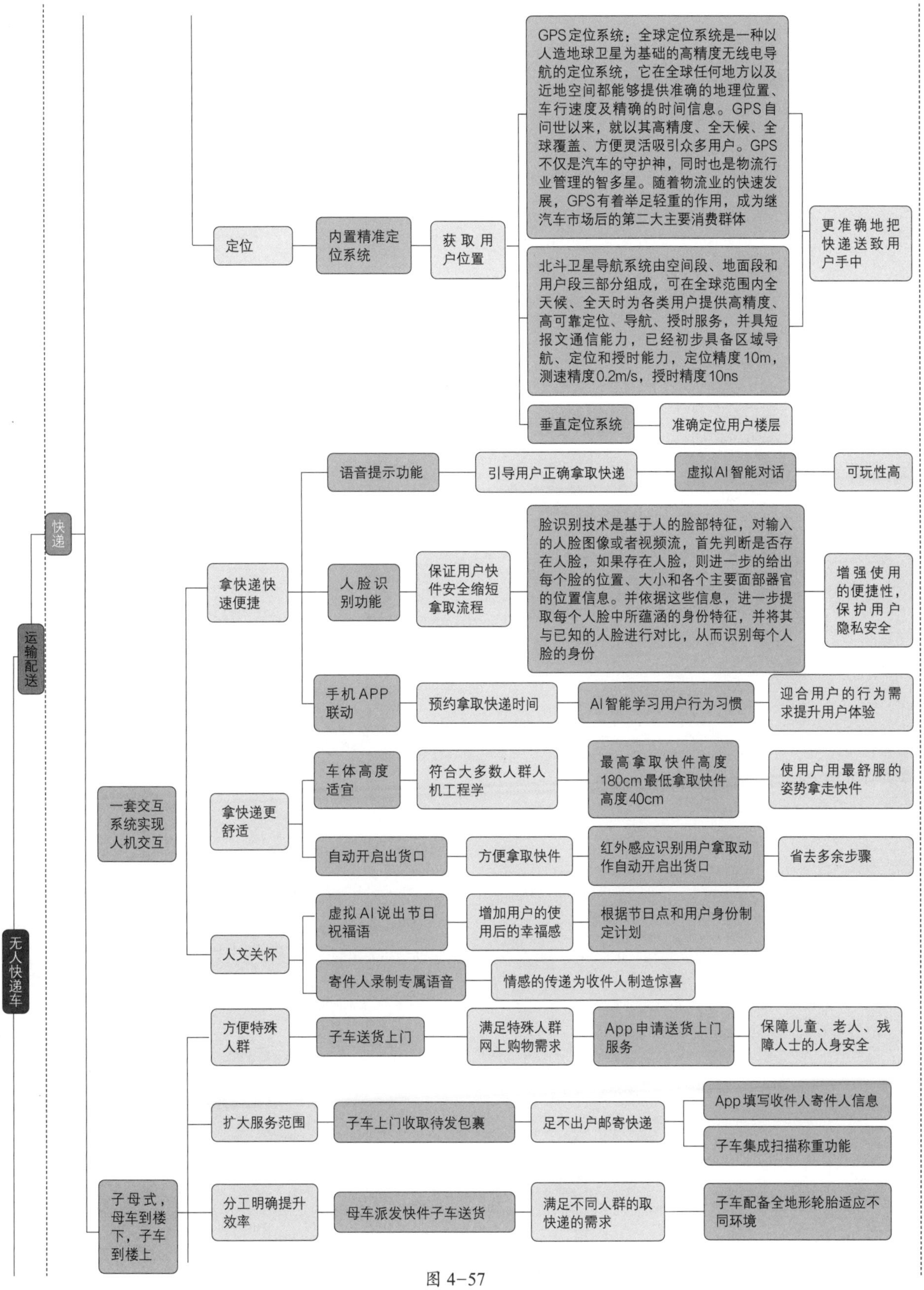

快递

运输配送

无人快递车

定位 → 内置精准定位系统 → 获取用户位置

GPS定位系统：全球定位系统是一种以人造地球卫星为基础的高精度无线电导航的定位系统，它在全球任何地方以及近地空间都能够提供准确的地理位置、车行速度及精确的时间信息。GPS自问世以来，就以其高精度、全天候、全球覆盖、方便灵活吸引众多用户。GPS不仅是汽车的守护神，同时也是物流行业管理的智多星。随着物流业的快速发展，GPS有着举足轻重的作用，成为继汽车市场后的第二大主要消费群体

更准确地把快递送致用户手中

北斗卫星导航系统由空间段、地面段和用户段三部分组成，可在全球范围内全天候、全天时为各类用户提供高精度、高可靠定位、导航、授时服务，并具短报文通信能力，已经初步具备区域导航、定位和授时能力，定位精度10m，测速精度0.2m/s，授时精度10ns

垂直定位系统 → 准确定位用户楼层

一套交互系统实现人机交互

拿快递快速便捷

语音提示功能 → 引导用户正确拿取快递 → 虚拟AI智能对话 → 可玩性高

人脸识别功能 → 保证用户快件安全缩短拿取流程

脸识别技术是基于人的脸部特征，对输入的人脸图像或者视频流，首先判断是否存在人脸，如果存在人脸，则进一步的给出每个脸的位置、大小和各个主要面部器官的位置信息。并依据这些信息，进一步提取每个人脸中所蕴涵的身份特征，并将其与已知的人脸进行对比，从而识别每个人脸的身份

增强使用的便捷性，保护用户隐私安全

手机APP联动 → 预约拿取快递时间 → AI智能学习用户行为习惯 → 迎合用户的行为需求提升用户体验

拿快递更舒适

车体高度适宜 → 符合大多数人群人机工程学 → 最高拿取快件高度180cm最低拿取快件高度40cm → 使用户用最舒服的姿势拿走快件

自动开启出货口 → 方便拿取快件 → 红外感应识别用户拿取动作自动开启出货口 → 省去多余步骤

人文关怀

虚拟AI说出节日祝福语 → 增加用户的使用后的幸福感 → 根据节日点和用户身份制定计划

寄件人录制专属语音 → 情感的传递为收件人制造惊喜

方便特殊人群 → 子车送货上门 → 满足特殊人群网上购物需求 → App申请送货上门服务 → 保障儿童、老人、残障人士的人身安全

扩大服务范围 → 子车上门收取待发包裹 → 足不出户邮寄快递

App填写收件人寄件人信息

子车集成扫描称重功能

子母式，母车到楼下，子车到楼上

分工明确提升效率 → 母车派发快件子车送货 → 满足不同人群的取快递的需求 → 子车配备全地形轮胎适应不同环境

图 4-57

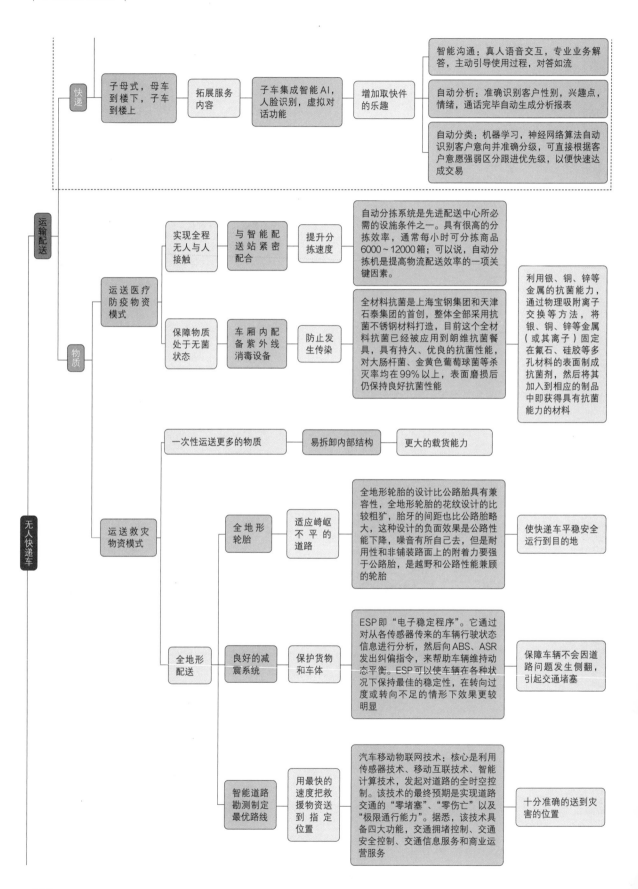

快递　子母式，母车到楼下，子车到楼上　拓展服务内容　子车集成智能 AI，人脸识别，虚拟对话功能　增加取快件的乐趣

智能沟通：真人语音交互，专业业务解答，主动引导使用过程，对答如流

自动分析：准确识别客户性别、兴趣点、情绪，通话完毕自动生成分析报表

自动分类：机器学习，神经网络算法自动识别客户意向并准确分级，可直接根据客户意愿强弱区分跟进优先级，以便快速达成交易

运输配送

物质

运送医疗防疫物资模式　实现全程无人与人接触　与智能配送站紧密配合　提升分拣速度

自动分拣系统是先进配送中心所必需的设施条件之一。具有很高的分拣效率，通常每小时可分拣商品 6000～12000 箱；可以说，自动分拣机是提高物流配送效率的一项关键因素。

保障物质处于无菌状态　车厢内配备紫外线消毒设备　防止发生传染

全材料抗菌是上海宝钢集团和天津石泰集团的首创，整体全部采用抗菌不锈钢材料打造，目前这个全材料抗菌已经被应用到朗维抗菌餐具，具有持久、优良的抗菌性能，对大肠杆菌、金黄色葡萄球菌等杀灭率均在 99% 以上，表面磨损后仍保持良好抗菌性能

利用银、铜、锌等金属的抗菌能力，通过物理吸附离子交换等方法，将银、铜、锌等金属（或其离子）固定在氟石、硅胶等多孔材料的表面制成抗菌剂，然后将其加入到相应的制品中即获得具有抗菌能力的材料

一次性运送更多的物质　易拆卸内部结构　更大的载货能力

运送救灾物资模式

全地形轮胎　适应崎岖不平的道路

全地形轮胎的设计比公路胎具有兼容性，全地形轮胎的花纹设计的比较粗犷，胎牙的间距也比公路胎略大，这种设计的负面效果是公路性能下降，噪音有所自己去，但是耐用性和非铺装路面上的附着力要强于公路胎，是越野和公路性能兼顾的轮胎

使快递车平稳安全运行到目的地

无人快递车

全地形配送

良好的减震系统　保护货物和车体

ESP 即"电子稳定程序"。它通过对从各传感器传来的车辆行驶状态信息进行分析，然后向 ABS、ASR 发出纠偏指令，来帮助车辆维持动态平衡。ESP 可以使车辆在各种状况下保持最佳的稳定性，在转向过度或转向不足的情形下效果更较明显

保障车辆不会因道路问题发生侧翻，引起交通堵塞

智能道路勘测制定最优路线　用最快的速度把救援物资送到指定位置

汽车移动物联网技术：核心是利用传感器技术、移动互联技术、智能计算技术，发起对道路的全时空控制。该技术的最终预期是实现道路交通的"零堵塞"、"零伤亡"以及"极限通行能力"。据悉，该技术具备四大功能，交通拥堵控制、交通安全控制、交通信息服务和商业运营服务

十分准确的送到灾害的位置

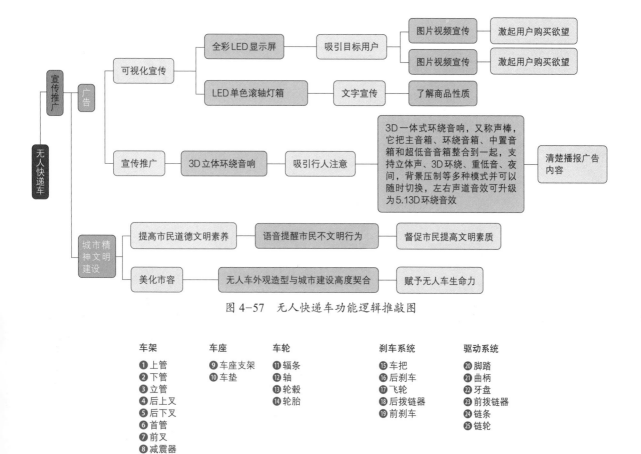

图 4-57　无人快递车功能逻辑推敲图

**车架**
❶ 上管
❷ 下管
❸ 立管
❹ 后上叉
❺ 后下叉
❻ 首管
❼ 前叉
❽ 减震器

**车座**
❾ 车座支架
❿ 车垫

**车轮**
⓫ 辐条
⓬ 轴
⓭ 轮毂
⓮ 轮胎

**刹车系统**
⓯ 车把
⓰ 后刹车
⓱ 飞轮
⓲ 后拨链器
⓳ 前刹车

**驱动系统**
⓴ 脚踏
㉑ 曲柄
㉒ 牙盘
㉓ 前拨链器
㉔ 链条
㉕ 链轮

图 4-58　自行车结构示意图

## （二）结构分类

### 1.外部结构

外部结构不仅指外观造型，还包括与此相关的整体结构。外部结构是通过材料和形式来体现的，一方面是外部形式的承担者，同时也是内在功能的传达者。另一方面,通过整体结构,使元器件发挥核心功能作用(图4-59)。

在某种情况下,外观结构不承担核心结构的功能,系统外部结构的变化不直接影响核心功能。如图4-60所示,手动螺丝刀的外部结构与外观结构基本一致,承担核心功能作用;而如图4-61所示,电钻的功能与螺丝刀的功能相似,但它手握位置的外壳体仅仅是外观结构,承担动力的核心结构隐含在壳体内部。

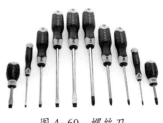

图 4-60　螺丝刀

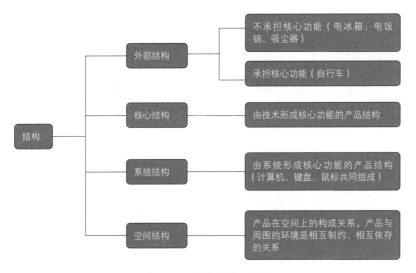

图 4-59　结构分类示意图

图 4-61　电钻

2.核心结构

核心结构是指由某项技术原理系统形成的,具有核心功能的产品结构。核心结构发挥功能作用,涉及能源、机械、电子、物理、材料等多个领域的技术问题,通过功能块、元部件等组织形式发挥着产品的功能。

如图4-62所示,野营充电式手电筒的工作原理是通过把化学能转化为电能并储存,供断电状态下户外照明使用,蓄电池是作为一个独立的模块安装于手电筒壳体内,它是存储电能的核心结构。蓄电池的生产往往由独立的部门完成,在手电筒装配车间进行装配。

3.系统结构

所谓系统结构是指产品与产品之间的关系结构。前面所指的外部结构与内部结构分别是一个产品整体下的两个要素,即将一个产品看作是一个整体,系统结构是将若干个产品所构成的关系看作一个整体,将其中具有独立功能的产品看作是要素。系统结构设计,就是"物"

图 4-62　野营充电式手电筒

与"物"的关系设计。常见的结构关系有以下四种。

（1）分体结构。功能系统由多个独立产品构成，各个独立的产品具有不同职能，但最终均以实现同一功能为目的，这样的结构组织方式称为分体结构。如台式计算机由显示器、主机、键盘、鼠标及计算机周边组成完整功能系统，属于分体结构（图4-63）。而笔记本电脑是以上结构关系的重新设计。

（2）系列结构。由若干产品构成成套系列、组合系列、家族系列、单元系列等系列化产品。产品与产品之间是相互依存、相互作用的关系。如图4-64所示，宜家家居的板式家具，将柜子做成多个具有参数比例的功能模块，各模块可自由组合，甚至跟其他系列的家具产品在尺寸上也能匹配，顾客一次或多次购买的家具产品均能够互换互配，提供了多种使用的可能性，使模块产品的基因可以隔代相传，延长了产品在市场的生命力。

图 4-63　台式计算机

图 4-64 宜家家居的板式家具

（3）网络结构。由若干具有独立功能的产品相互进行有形或无形的连接，构成具有功能的网络系统。例如，近年流行的智能家居生态链，由智能管家终端管理家庭内的电冰箱、电灯、空调等智能家电，此外还能通过人工智能技术自动调节居室内的温度、湿度、灯光、音乐、画作等，形成了家庭内的网络结构（图4-65、图4-66）。

（4）空间结构。空间结构是指产品在空间上的构成关系，也是产品与周围环境的相互联系、相互作用的关系。对于产品而言，功能不仅仅在于产品的实体，也在于空间本身，实体结构不过是形成空间结构的手段，空间的结构和实体一样，也是一种结构形式。如图4-67所

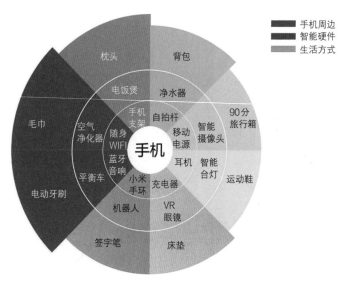

图 4-65 小米智能家居生态链

图 4-66　小米智能家居生态链系列产品

　　示，冰箱的内部结构容纳了各种不同大小、形状的食材、饮料，内部空间的设计规划是以不同的群体生活习惯作为分析方向，以内置的物品尺寸作为参照，内部功能影响着冰箱实体的大小与内部结构的排布。如图 4-68 所示，作为一种载人的大型交通工具，客机是典型的空间结构型产品，客机的外观设计遵循美学、空气动力学的要求，内部空间除预留出安装设备外，其余空间主要为顾客使用，各个功能区的设计与顾客的使用需求密切相关，客机内空间的设计实质也是产品实体和空间规划的设计。

图 4-67　冰箱的内部结构

图 4-68　客机客舱

## （三）结构与产品系统的关系

（1）产品的结构系统和功能系统共存于产品之中，设计师在设计过程中必须处理好两者之间的关系，应以结构承载功能为最终目的来指导设计。

（2）核心结构外露型的产品结构设计，外观设计过程要同期考虑结构设计，在产品开发设计中将功能融入产品的外形结构之中，让消费者能够从产品的外形结构中了解产品的功能和使用的方法。

（3）功能、结构、外观共存于产品系统中，要从整体性的角度来规划产品开发环节，外观设计要考虑结构落地的可能性，结构设计要充分体现产品的外在美和内在美，外观和结构的和谐才能呈现最好的功能。

### 思考与练习

1.经过本章节学习，请思考并阐述品牌与产品之间的关系，产品形象与品牌的关系。

2.请思考并阐述品牌形象有哪些内容及环节需要或可以通过哪些设计方式解决，以及在设计过程中，有哪些需要提前策划、思考的内容。

3.选择一个知名品牌，根据其品牌形象，提炼并梳理其品牌形象及具体产品风格化要素。

# 第五章
# 产品风格化塑造方法

方法，最初的意思是指"测定方形之法"，即量度方形的法则。现指为达到某种目的而采取的路径或手段，是在任何一个领域中的行为方式，它是用于解决问题的手段总和。无论做什么事情都要采用一定的方法，方法的对错、优劣以及得当与否会直接影响工作的成败、优劣和流畅与否。

自古以来，方法就是人们解决问题的技巧。随着人类发展的进程，人们认识和改造世界的任务更加繁重复杂，方法的重要性也就更加突出，所采取的措施和手段也得到根本性的更新。传统的手工艺创作方法多是凭借设计师的经验、感觉、艺术创作灵感等进行直觉的思考（图5-1）；而现代产品的设计开发方法采用的则是科学严密的逻辑分析、细致的研究计算与系统的创新思维相结合的综合性方法（图5-2）。

在学术界以方法为对象的研究，已成为独立的专门学科，即科学方法论。科学方法论的发展大致经历了四个时期：自然哲学时期（16世纪之前）、分析为主的方法论时期（16～19世纪）、分析与综合并重

图5-1　伯爵珠宝的制作过程（传统手工艺）

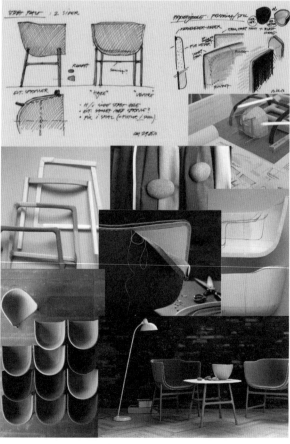

图5-2　一把扶手椅的诞生过程（现代产品开发）

的方法论时期（19世纪40年代~20世纪中叶）、综合方法论时期（20世纪中叶至今）。研究内容也大致分为4个层面：经验层面、具体层面、通用层面和哲学层面。设计方法论则是在此基础上，于20世纪60年代兴起的一门学科，主要探讨工程设计、建筑设计和工业设计的一般规律和方法，它涉及哲学、心理学、生理学、工程学、管理学、经济学、社会学、美学及思维科学等领域。设计方法论的研究通常是建立在设计实践的经验基础之上，因此不同的国家、地区和企业所采用的设计方法存在着一定的差异。如德国偏重于系统化的逻辑分析，使设计的方法步骤规范化与理性化；美国则重视创造性开发及产品商业化的方法研究；日本则致力于产品自动化、人机交互关系及文化表达等方法的研究。正是由于各国采取了不同的设计方法，才使得各国形成了自己独特的设计风格和面貌。

## 第一节

# 产品风格化设计原则

## 一、个性化原则

产品个性化是品牌形象的发展趋势，而个性化的产品需要有个性的产品形象进行支撑。产品的外在形态能否在琳琅满目摆满各式产品的终端货架上形成强有力的视觉冲击、能否第一时间吸引消费者的眼球、能否刺激消费者的潜在购买将决定产品的最终销售结果。

一味地模仿、抄袭，缺乏对竞品形象的了解或缺乏对目标受众购买因素的深度洞察，最终将导致产品与竞品形象雷同，从而在终端陈列中被纷杂的各式产品所淹没。这样的产品形象，在市场上比比皆是，缺乏个性的产品形象很难形成利基点，更是造成消费者视觉识别疲劳的主要因素之一。只有个性突出、差异明显的品牌，才能够第一时间进入目标受众的视野，并给他们留下深刻的印象。

产品形象的个性化特征表现一般是对产品造型构成要素在线型、色质、结构、位置等细节方面进行独特的设计，使产品具有相同或类似的识别要素，在企业产品上重复出现与强化，对消费者产生明显的视觉刺激作用，形成统一而连续的视觉印象。这些特征越是具有强烈的个性，就越有利于在消费者心目中形成记忆特征，还能成为品牌形象的第二标志，使消费者通过产品外观造型准确判断出企业品牌。

产品形象个性化特征的形成一般有两个途径。

（1）企业历史文化沿革形成的某种造型符号，如图5-3所示，宝马汽车的双肾形进气格栅造型，体现了企业历史的文脉关联，该途径优势在于这种个性化造型符号的文化意义具有排他性，使其他的公司无法效仿。

（2）根据时代的审美意识与价值理念，结合企业产品的内在属性，设计出某种造型符号作为产品的构成要素，赋予产品以全新的个性化特征。如图5-4所示，五彩缤纷的图案已然成为斯沃琪（Swatch）手表公司独特的设计语言，其时尚、鲜明的个性形象不仅赢得了市场的广泛认可，更传递出Swatch手表创新求变、新潮前卫的设计理念（图5-5）。

产品特征的连续性表现，不仅在产品开发中增加了个性化因素，更重要的是产品构成特征会成为企业文化精神、技术实力形象化表现

图 5-3　宝马汽车

图 5-4　Swatch 手表

图 5-5　Swatch 品牌门店

的快捷图标，通过产品不断强化的鲜明识别特征，使消费者能迅速联想到企业的整体形象。产品形象个性化特征塑造、体现及诠释，使企业的文化理念、发展战略得到快速的社会认同，进而推动企业发展及社会形象的品牌塑造。

## 二、系统性原则

产品形象的系统设计作为品牌形象战略的一大工程，在品牌创建中具有举足轻重的作用。它与企业文化主导下的形象系统有机整合，由内而外地重塑新形象，重整多方沟通渠道，强化信息传播，扩大市场与社会认知力、信赖度和知名度，推进营销发展，使企业获得良好的经营环境，这是企业经营中形象战略的一个重要部分。

### （一）形象系统

围绕产品所进行的工程设计、造型设计、包装设计、广告设计等被作为一个整体加以设计，这就要求每个体现形象的要素都符合统一性原则（图5-6）。

在产品本身及其附件的造型设计上应存在某种相同的元素，它可以体现在色彩、造型符号、材料等方面。通过相同元素的重复使用，使产品反映出某种风格特征。产品的造型设计在产品的形象系统中占主导地位，决定了围绕产品的促销与宣传所需的标志设计、包装设计、广告设计、网页设计的风格特点。在与产品相关的平面设计的有限版面空间内，对文字字体、图片图形、颜色等版面构成要素通过美的形式法则进行规划，将产品的风格特征以视觉形式表达出来，就能加强其识别主体的传达性，并能以统一的识别方式达到系列化的效果（图5-7）。

图 5-6　苹果产品系列形象

图 5-7　星巴克系统性形象

## （二）风格系统

将隔代产品作为一个系统加以考虑，使产品体现出固有的风格，形成该品牌的形象特征。一个产品风格的形成是需要积累的，在消费者心目中的形象是通过隔代产品在某种特征上的不断重复形成的。这些都体现了风格化系统设计中相同符号元素的延续使用的特点（图5-8）。

图 5-8　iPhone 的产品形象更新变化过程

## （三）文化系统

产品风格化设计是一种文化的体现，是一种时代的体现，是生产力水平高低的体现。它必须接受广大消费者和市场的选择及时间的考验，对产品形象的决策不应以个人的爱好为根据，而应以一个产品的品牌积累为根据。

产品风格化设计对设计公司的综合能力提出了更高的要求，如围绕产品的造型特征所展开的包装设计、广告设计等全方位、系统性的服务以及之后针对市场效应进行跟进。现今是多元化的世界，任何事物都不是孤立存在的，而是处于一个有机的整体当中。因而须应以系统的眼光来看待事物，这也是研究设计方法及体系的意义所在。

## 三、适时性原则

适时性原则是指企业品牌的产品形象可以在市场竞争中抢得先机，产品形象需要随着社会的发展和消费者心理的变化而做出适当的调整，强化消费者对品牌的偏好与忠诚（图5-9）。企业要使产品受到消费者的青睐，保证产品形象的适时性是必需的。如图5-10所示，可口可乐瓶型演变过程作为产品形象的一部分内容，充分说明了产品形象的适时性。可口可乐产品形象定位适时地把握住了消费者的消费时尚趋势，迎合了消费者的口味需求。一个产品形象要想成功必须具有独特的形象，并且这些东西是目标消费者所接受的。

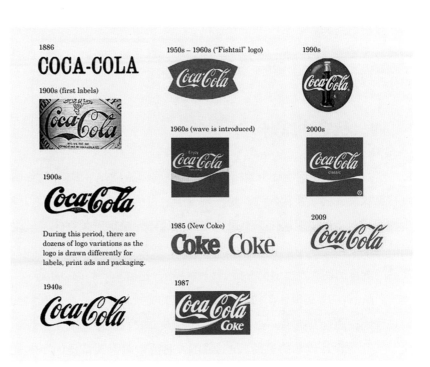

图5-9　可口可乐历年来的标志

百事把蓝色的魅力作为产品形象的卖点，为年轻人所接受，经过多年来突出这一卖点的诉求，现已广为人知。由于产品形象的独特与适时，消费者对百事可乐产生了偏好与忠诚（图5-11）。

图 5-10　可口可乐瓶型演变过程　　　　　　　　图 5-11　百事标志演变过程

产品形象的适时性是产品特点的提炼，需要将产品特点演化为消费者的一系列利益需求点。因为产品形象特点再独特，仅仅属于产品物理层面，并不是消费者购买的理由，真正促使消费者购买的动因是产品特点所蕴含的消费者的利益需求点。推出适时的产品形象是企业的一种营销策略，反映出企业营销的快速反应机制和营销战略的灵活性。适时性产品形象有两个主要特征：一是根据消费者对产品关注点的转移及消费者的需求，企业为产品适时设置相应特色；二是推广具有极强的时效性。

## 四、稳定性原则

产品形象的稳定性是由始终持恒、保持的产品DNA（DNA又称脱氧核糖核酸或去氧核糖核酸，是一种分子，可组成遗传指令，以引导生物发育与生命机能运作，是遗传信息的载体，决定着生物体亲子之间的相似性和继承性）来实现的。与生物的遗传和变异自然法则相似，产品的继承和创新也应遵循一定的设计法则，这就是产品的DNA。

产品的DNA是保证产品有着相对稳定的血统传承，使产品在演变的过程中，随着新技术、新产品的诞生以及新材料的应用都不会影响企业文化、设计哲学的贯彻。产品DNA的活力源于其自身的不断变化。产品的遗传特征并非简单地复制，而是迭代发展变化着的，从而

图 5-12 Dyson 产品

保证了迭代产品发布时，消费者对产品的视觉体验既是熟悉的又是全新的，既能获得认同又可带来惊喜。产品的 DNA 不仅仅在同一产品线中延续，有时还被移植到同品牌的其他产品中。如图 5-12 所示，Dyson 将其涡轮技术、空心无扇叶的技术 DNA 以及圆柱形造型 DNA 遗传特征，在电风扇中进一步强化，同时还开发移植到吹风机及美发产品中。

## 五、标准化原则

产品形象的标准化和个性化原则并不矛盾，前者是指形象设计时应遵循的技术性原则，即企业所采用的产品名称、标志、标准色、包装等视觉系统必须统一标准，不能随意变动；而后者则是指产品形象作为一个整体和其他产品形象间的差异，以突出产品形象的个性。具体而言，产品视觉形象的标准化表现为以下几个方面。

### （一）简洁化

简洁生动，既在视觉上给人以美感，又便于认知和传播，关键是充分体现企业的经营理念和所要表现的形象主题。如可口可乐的产品形象视觉设计"COCA-COLA"的流线型字体、朗朗上口的发音和红白相间冲击力极强的包装设计，充分体现了简洁流畅的美感原则。

### （二）统一化

将同类事物两种以上的表现形式合并为一种或限定在一定范围内。例如，同一产品的名称在不同国家或地区要统一，尤其音译或意译的名称不能随意采用，如日本 NISSON，在国内前期同时有尼桑和日产两个名字，为了统一名称，公司单独声明统一采用"日产"名称。

### （三）系列化

对同类对象设计中的组合参数、尺寸、大小等做出合理的安排和规划。尤其对实行形象策略的企业而言，各品牌之间的协调统一非常重要。

### （四）通用化

形象设计可以在各种场合使用，彼此互换。如"麦当劳"的标志图形，既可以制作得很大悬于空中百米之高，又可缩小置于产品包装上。

### （五）组合化

设计出若干通用的单元，以便在不同场合自由组合使用。如具体规范标准字、标准色、标号及其之间的合理搭配。具体使用时，根据情况进行选择，这对连锁经营企业的产品形象统一尤为重要。

# 第二节

# 产品形象系统设计方法——系列化

一般首款新产品开发成功后，后续将面临风格化系列产品更大范围的开发任务。比如，如何将产品风格化，运用产品形象系统设计的理论与方法，提高设计效率、提升产品质量以及降低制造成本，提高产品形象在市场上整体风格化的竞争能力，塑造完整的品牌形象（图5-13）。

图 5-13　吸尘器系列产品

## 一、系列化概念

系列化是通过对同类产品发展规律的分析、研究以及对国内外市场的产品需求发展趋势预测，结合企业自身的生产技术条件，经过全面的经济技术比较，将产品的主要型式、参数、尺寸、基本结构等做出合理的安排与规划，提高零部件的通用化程度，合理地简化产品的品类规格。采用发展变型产品，设计开发系列化产品能有效满足不同层级用户的需求。

任何一个企业在产品开发的过程中，要想扩大市场，要想做大、做强，必须进行系列化产品的开发，这是同类型产品满足不同社会阶层、不同文化风俗、不同年龄、不同性别人群差异化需求所决定的。如图5-14所示，英国JOSEPH JOSEPH公司的系列化厨房产品运用清新而丰富的色彩进行设计开发，通过风格化色彩配色模式，塑造了独具魅力的品牌特点。

图 5-14 英国 JOSEPH JOSEPH 公司系列化厨房产品

根据系列化的科学规划，可以合理地简化产品的品类，提高零部件的通用化程度，提高产品开发效率、劳动生产率以及有效地降低成本。同时系列化具有关联性、独立性、组合性以及互换性等特征（图 5-15 ~ 图 5-17 ）。

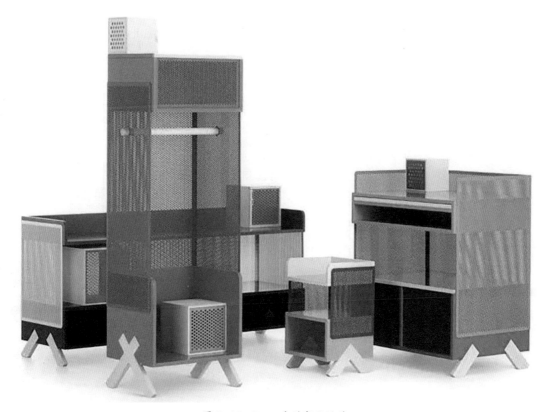

图 5-15 Peep 系列家具设计

图 5-16　Peep 系列家具设计　　　　　图 5-17　Peep 系列家具设计

## 二、系列化设计类型

系列化产品根据功能与形式的变化组合关系，可以分为规格系列、成套系列、组合系列、家族系列等类型。

### （一）规格系列

功能相同、造型相同及不同规格、不同型号的同品类产品组成的系列叫规格系列，如图 5-18 ~ 图 5-20 所示。

图 5-18　"AMICO" 桌面语音控制仪设计草图

图 5-19　"AMICO" 桌面语音控制仪

图 5-20　"AMICO" 桌面语音控制仪

### （二）成套系列产品

功能相似、造型相配套的同类产品组成的系列，叫成套系列产品。通过产品的局部改变或通过更换模块所形成的系列也是成套系列产品。成套系列产品可提高产品的适应性，满足特定的需要，同时，成套产品整齐美观，具有相对良好的视觉效果。如图 5-21 所示，运用统一的复古造型风格，设计的猫王 RADIOOO 蓝牙音箱系列产品，就是成套系列产品的类型。

图 5-21　猫王 RADIOOO 蓝牙音箱系列产品

### （三）组合系列

功能不同、造型配套，不同规格或不同型号的产品组成的系列，称为组合系列产品。组合系列产品是以不同功能的产品或部件为单元，各单元承担不同的角色，为共同满足整体目标而构成的产品系列。系列产品的功能之间不可互换，但有着依存的关系，这种系列也可以形成家族感，但是与形式上的统一感相比，功能上的配套性更为重要。从使用角度讲，组合系列设计的意义在于体现功能协同上的完整性。从商品角度讲，更能体现出企业的品牌效应。图5-22、图5-23为2018年上合组织青岛峰会的国宴用瓷以及会议用瓷系列，就是将咖啡饮用行为过程中，涉及的咖啡杯、奶杯、糖罐、搅拌勺以及托盘等功能产品，组成了一个完整的咖啡组合系列。

图5-22　2018年上合组织青岛峰会用瓷系列　　　图5-23　2018年上合组织青岛峰会会议用瓷

## （四）家族系列

功能有差异，造型有不同的同族产品组成的系列，叫家族系列产品。家族系列中的产品往往在形态、规格、色彩、材质上不同，这与成套系列产品相类似，但是产品之间在形式、形态以及功能等方面，又具有同家族基因的相关性，这类产品更具有选择性和商业价值，从而更能提高品牌效应（图5-24）。

图5-24　Fitbit可穿戴系列产品

# 三、系列化设计分类

按照在企业整个产品群中的位置，可将产品分为核心产品、延伸产品、附属产品。

## （一）核心产品

能够代表企业经济、技术实力和品牌精神的典型产品，在同类产品中消费者的认可度较高，并能起到一定的引领作用（图5-25）。

## （二）附属产品

作为某种主要产品的附带产品，与主产品具有相同的使用情境，有时也一同销售或以赠品的形式出现（图5-26）。

## （三）延伸产品

企业为了扩大产品种类和数量，发挥产品集群优势而进行的产品扩展。延伸产品是个阶段性的概念，如果品牌经营得当可转化为核心产品（图5-27）。

### 1.跨类延伸

同类延伸产品，往往具有相似的使用环境和场合。可遵循核心产品的设计理念和设计原则，采用类似的表现方式。这一思想也适用于核心产品的附属产品设计，图5-28是电动车品牌"蔚来"以典型的NIO life生活形象为核心开发新的衍生产品，有NIO Life NOMI 探索时空滑板、设计师款保温杯甚至NIO life生活主题火锅礼盒等。不同类别的产品延伸，需要将产品所在类别的整体特征与企业理念相结合，形象的延续依靠的是品牌理念与外在风格的一致性。而不相关产品类别的延伸，产品间在形、色、质等方面的延续性较差，须从产品本身属性方面入手，形象的延续依靠的是核心理念与整体风格的一致。

### 2.线内延伸

此类延伸产品是对已有产品形象进行细化得到的。产品的定位、目标消费群体可能各有不

图 5-25　苹果公司核心产品

图 5-26　苹果公司附属产品

图 5-27　苹果公司延伸产品

图 5-28　NIO life 生活形象产品

同，需要制定系列扩展理念以及分支设计原则，采用企业持恒的表现
手段进行形象设计，如图5-29～图5-33所示，为奔驰SUV汽车线内
延伸的几款产品。

图 5-29　奔驰 GLA　　　　　　　　图 5-30　奔驰 GLB

图 5-31　奔驰 GLC　　　　图 5-32　奔驰 GLE　　　　图 5-33　奔驰 GLS

### 3.空间延伸

品牌国际化是品牌延伸的空间延伸，主要针对某一区域的产品延
伸设计，在保持企业核心理念的基础上，综合考虑当地市场状况，加
入被当地消费者所认同的文化或审美特征，以消费者喜爱的方式传达
企业的核心理念，从而保持品牌风格个性与适应区域文化之间的协调
问题。例如，肯德基在进入中国市场之初，在产品本土化上不遗余力，
采取了三管齐下的方式：第一，对异国风味进行改良，以期调整产品
符合中国人的口味，如墨西哥鸡肉卷、新奥尔良烤翅和葡式蛋挞等的
口味改良；第二，推出符合中国消费者饮食习惯的中式快餐，如饭

（寒稻香蘑饭）、汤（芙蓉蔬菜汤、榨菜肉丝汤）、粥（皮蛋瘦肉粥、枸杞南瓜粥）等；第三，开发具有中国地域特色的新产品，如京味的老北京鸡肉卷、川味的川香辣子鸡、潮汕干贝大虾粥等，如图5-34所示。

图 5-34　符合中国消费者饮食习惯的肯德基中式快餐

## 四、系列化设计形式

实施单一品牌战略的企业，对产品形象的整体统一性要求较高，设计难度也较大；实施多品牌战略的企业，产品形象主要是在单独品牌范围内保持一致，而对企业所有品牌产品的整体性要求相对较低。每款产品的位置不同，形象设计的入手点和方法也各不相同。产品是一个系统，系列产品是一个多极系统。如果说产品是功能的载体，那么产品系列化就是产品功能的复合化。即在整体的目标下，使若干个产品功能具有系列特性。我们通常把相互关联的成组、成套的产品作系列产品，大致有以下几种形式。

### （一）品牌系列
在一个品牌之下的多种独立的产品，如同一品牌的家用电器。

### （二）成套系列
由多种独立功能产品组成一个产品系统，如厨房空间里的各种成套系列产品，既有其独立的作用，又组成了完整的厨房功能系统。

### （三）单元系列
单元产品之间具有某种相关性和依存关系，构成完整的产品系列，如子母电话机等。

## 五、系列化设计意义

在现实生活中，众多的产品通常以系列化的形式存在，而且在日益扩大。可以说，自人类有能力制造产品以来，系列产品的形式就已经存在，且对当今时代有着不同的意义。如果把一件产品看作是一个包含着若干要素的系统，那么系列产品就可以被看作是一个多极系统；如果把系列产品看作是一个系统，那么其中的一件产品就是相对于系统的一个要素。系列产品所体现出来的这一特征具有以下实际意义。

## （一）对于商业的意义

商业中的一切竞争都是围绕商品展开的。商品的开发是以市场需求为导向，而系列产品的开发是提高市场竞争力的重要策略，即扩大产品的覆盖面和提高产品的适应性。当今市场日益朝着多元化方向发展，多种需求和个性化消费日趋成为主流，各种灵活的销售方式也应运而生。在这种形势下，系列产品以其多变的功能或要素的组合方式构成了丰富的产品系统，以适应多极化的市场格局、需求的涨落以及产品寿命周期的变化，从而强化了商品的竞争力。

## （二）对于生产的意义

市场需求的多样化，必然要有一种能够灵活地适应市场需求变化、多品种、小批量的生产方式——柔性生产方式。所谓"柔性"，是指适应各种变化的能力，即应变能力。柔性生产方式指能够灵活多样地小批量生产多种产品的生产方式，所应用的技术就是柔性生产技术。这一概念是相对于传统的刚性生产方式而言的。而所谓刚性生产方式，是指传统的固定式自动化方式。即使用一套设备或一条生产线，按照固定的顺序生产一种或少数几种类似的产品。当产品需求量较大、产品设计比较稳定、产品寿命周期较长时，这种方式的两个不利方面——初始投资大、缺乏灵活性，会使生产效率达到最大、产品的变动成本达到最小。对于以往的"大量生产""大量消费"的经济时代，这种方式具有很大的威力，但是这种生产方式只适用于某种特定的产品设计，所以应用并不广泛。

因此面对多变的市场需求，柔性生产方式和技术就显得非常重要。系列化产品对于柔性生产具有重要的意义。

（1）产品从开发到生产往往需要高投入，产量化是降低生产成本的必要条件，而规格化、标准化却是产量化的必要条件。但是产品多品种需求的现实使产量化成为一个矛盾，而且几乎没有哪个企业仅仅生产一种型号的产品。特别是在竞争日益激烈和市场被分割争夺的情况下，大多数企业都同时生产几个或很多品种。这必然要影响到对产品设计的要求，生产管理也必须寻求新的途径，使企业的一系列产品能以最低的成本设计生产。解决这一问题的有效方法之一就是产品系列化设计，也称组合设计或模块化设计。这种方法的精髓在于：研制出一系列标准化设计或模块化组件。它们由各种零件组成，并被广泛运用于各种产品设计中。这样的设计，能使生产成本、存储费用、用户耗费、维护和修理费达到最低。如常见的用于室内墙壁上的电气开关和插座，正是通过标准组件的不同组合方式形成不同规格和功能的产品，构成一个系列；单元组件之间可以替换，便于更新和维修，达到了以尽可能少的生产投入生产出丰富的系列产品的效果。

（2）随着经济的发展，消费者的行为变得更有选择性。因此，市场需求更加迅速地向多样化、个性化的方向发展。市场产品的质量要求变得越来越高，产品的寿命周期变得越来越短。因此，必须寻求一个能使产品开发设计周期和生产周期显著缩短的有效方式。在这种情况下，一些具有战略意义的全新的生产组织方式以及产品开发方式便应运而生。"精益生产模式"核心就是最大限度地降低能耗，建立灵活的、生产多种多样高质量产品的生产系统；建立超越地域、跨越国界甚至进行跨行业的协作系统。如现在常见的小至家电产品、大至航空机器等，往往都是国际合作的产物。对于这样的生产模式，系列化产品具有重要的意义，即分工协作进行模块化生产，组成丰富的产品系列。

另外，"敏捷生产模式"系列化产品也具有极强的适应性。敏捷生产模式是指企业在信息技术的支持下，实现敏捷的生产技术、敏捷的管理和敏捷的人力资源，能迅速推出全新产品；同时，随着用户需求的变化和产品的改进，吸收外界经验和技术成果，使用户很容易得到要买的、重新组合的换代产品，而不是用新产品去替代老产品。如个人计算机就是这类典型的系列化产品，通过将一些重新编程、可重新组合、可连续更换的生产系统结合成为一个新的、信息密集的生产系统，做到使生产成本与批量无关。

## 六、产品系列化设计要点

产品系列化设计过程中要充分关注以下要点。

（1）选好基型，进行基本型设计。基型应该是系列内最有代表性、规格适中、用量较大、结构先进、性能可靠的产品。

（2）基型设计应在国内外同类产品基础上，进行优选。通过验证，采用新技术、新结构以及新材料，促使产品更新换代。

（3）通用化。主参数相同的产品，以基本型为主，实现最大限度的通用化。遵循结构典型化的原则，实现组件、零部件的通用化。

（4）在设计基型产品的基础上，设计基型系列的各种规格。对系列内产品的主要零部件，确定几种典型结构型式，供具体设计时选用。

（5）系列中不同规格产品的外形尺寸、重量均有相当大的差别，分档较密的系列，可以局部实行分组通用，在同一通用组中，外型风格应尽可能一致。

（6）设计变型系列或变型产品时，应利用组合化、模块化的设计思想，尽量减少专用部件的增加，以达到变型和基型产品能最大限度地通用。

（7）分析产品结构，对具有共性的零部件，进行通用化工作。对通用件实行部件归口设计，以提高零部件的标准化以及通用化水平，可以将通用件编制成图册，供设计人员参考选用。

# 第三节
# 产品形象系统设计方法——组合化

产品是一个系统，包括功能、用途、原理、造型、规格、材料、色彩等构成要素，组合系列产品设计，就是将某些要素，从纵向或横向来进行组合或将某个要素进行扩展，构成更大的产品系统。

组合化系列设计分为功能组合、要素组合、配套组合、强制组合以及情趣组合。

## 一、功能组合

在单件产品设计中，常会将多个不同的功能，组合到一个产品中，这就是所谓的多功能产品。这种多功能产品的优点是可以实现一物多用，但是缺点也很明显。消费者对产品中某些功能使用频率不同，而那些使用频次不高的功能，对于使用者而言是多余而且浪费的。而系列产品的功能组合，是将若干不同功能的产品组成一个系列，消费者在购买或使用时，产品具有可选择性，可形成一个整体的产品系列，在使用中更加具有灵活性。如图5-35所示，Smeg冰箱Brick系列设计可以按人们的环境和饮食习惯而组合变化，用户可根据自己的喜好来设计制作专属冰箱。人们在需要的时候可以买一个模块而不是新的冰

图5-35　Smeg冰箱的模块化设计

箱。还有具有其他功能的功能模块，如净水器或微波炉，可以与冰箱相结合，以满足消费者的不同需求。

## 二、要素组合

将产品的功能、用途、结构、原理、形态、规格等要素中的某个要素以特定目标进行扩展组合，就可以形成系列产品。如图5-36、图5-37所示，深泽直人为"淘宝心选"所设计的"生活分子"系列产品，以"黑色砖块"为风格化要素，强化统一整个系列。

图 5-36　"生活分子"系列产品　　　　图 5-37　"生活分子"系列产品

## 三、配套组合

配套组合是指将不同的、独立的产品作为产品构成系列进行组合，形成产品群其目的是使成套产品产生规模品牌效应，从而帮助企业实现商业特定服务目标。产品群是指强制性的配套"新功能主义"造型风格和统一的色彩的产品，并使之成为系列产品组群。如图5-38所示，小米的智能家居系列产品是典型的配套组合产品，其运用物联网技术，实现家居智能产品的相互配套，从而形成系列化。

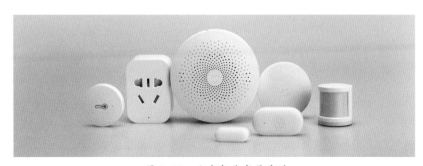

图 5-38　小米智能家居系列

## 四、强制组合

将功能与品类等没有任何相关性的产品组合在一起，形成单件产品或构成系列产品，使其实现整体目的性和相关性，这就是系列化设计的强制组合。如图5-39所示，这里列举的产品群是强制性的配套组合，是依据作为构成系列的要素进行组合的。

图 5-39　brim 系列产品

强制组合的产品系列并非完全没有相关性，需要至少在总体目标上是一致的。以休旅产品为例，尽管该类型产品系列中的各单件产品在功能上、使用上没有必然的联系，但均作为休旅用品，具有可便携、体积小、适应不同环境状况等特点，在满足休旅使用功能这一点上是一致的，不同功能的产品为了同一目标组合在一起，发挥综合作用。

强制组合产品在设计开发过程中，关键是要解决统一性的问题，具体体现为以下几点。

（1）形式统一，如放置方法、包装方法等。

（2）形态统一，造型、风格统一。

（3）色彩统一，视觉统一。

（4）某个部件统一，部件具有互换性。

## 五、情趣组合

情趣组合往往是借用人们的希望、爱好、祝愿、幽默、时尚追求等富有生活情趣的内容，通过形象化的造型或附加造型的方法，组合到系列产品中去，构成趣味性产品系列。情趣组合可以是自然成套的，也可以是强制性的，组合的目的是增强品牌风格化。如图5-40、图5-41所示，ARLO监控摄像头系列设计，通过增加符号化造型，提升产品的情趣化。

英国的黎巴嫩裔概念视觉设计师Hani Douaji为Trident Xtra Care无糖口香糖设计了一款有趣的包装，该新互动包装为一系列三种口味的口香糖设计了三组俏皮的嘴唇和胡须，分别印刷在包装正反面，透明窗口露出里面洁白的口香糖和粉色内板，代表着健康牙齿和牙龈，也直接体现了产品本身的主要卖点是"保护牙齿"（图5-42）。

图 5-40　ARLO 监控摄像头系列设计

图 5-41　ARLO 监控摄像头系列设计

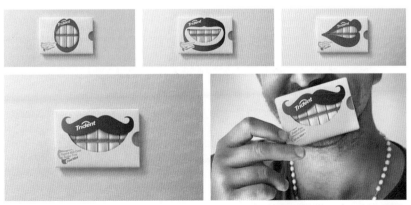

图 5-42　Trident Xtra Care 无糖口香糖

# 第四节

# 产品形象系统设计方法——变换化

变换设计是指通过改变产品造型、结构或更换模块所进行的设计。变换设计可起到有效增强产品功能、提高性能、降低成本等作用，具备适应性强、反应快、成本低的特点。

## 一、变换设计条件

并不是所有的原型产品都适合进行变换设计，适合进行变换设计需满足以下条件。

（1）通用性。原型产品部件、单元或模块，应达到可置换性要求。

（2）标准化。标准化是可置换设计的先决条件，包括产品系列中为达到互换目的而构建的标准和行业或国家制定的标准。

（3）系列化。产品系列化目标与变换设计是相辅相成的。变换设计是在原型产品的基础上进行要素变换，不同类型的产品系列，要采取不同的处理方法。

## 二、基本型纵横向变换设计

### （一）纵向变换设计

纵向变换设计是通过一组功能相同、结构相同或相近，而尺寸、规格及性能参数不同的产品所进行的系列设计。如图5-43所示，微软公司的Surface计算机系列产品属于纵向变换系列设计。

### （二）横向变换设计

横向变换设计是在产品的基本形态上进行功能扩展或提升，设计

图 5-43　Surface 计算机系列产品

开发派生出多种相同类型产品构成产品系列，即横向系列。如图5-44所示，法国嘉宝公司的雕刻机系列就是通过横向变换设计得到的。

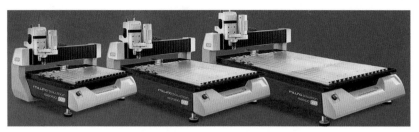

图 5-44　法国嘉宝公司雕刻机系列

## 三、基本型多向变换设计

多向变换设计是针对产品的某些要素，采用增减、置换、重组等变换方法进行多角度、多层次、多途径的变换设计，以相同性能或通用部件构成不同类型的产品系列族类。多向系列产品实际上是一种跨系列的产品族，往往形成了家族系列。

多向系列不一定是形式上的系列感，也可运用通用部件或模块，实现技术和功能上的共性，形成设计特点，从而获得良好的系列化产品。所以在具体设计时，要特别注意和解决好基本型产品与通用件或模块结合面等结合要素的合理性和精确性。在这一点上，设计者容易从思想上松懈，认为这只是属于技术上或工艺上的问题，与外形无关。然而在许多情况下，衔接的问题不仅与外形密切相关，还可以利用衔接的特点形成设计上的特点，从而在视觉上、使用上都会取得良好的效果。

## 四、基本型相似变换设计

相似变换设计实际上是纵向变换的另一种方式，即在功能属性、结构等相同的条件下，对其形态尺寸、性能参数按一定的比例关系进行变换设计，构成相似系列产品（图5-45）。

而对于工业设计的相似变化来说，不一定有如此理性的要求，感性的判断则更为重要。前者不仅形态相似，而且性能原理的参数也按一定的公比进行变换；而后者往往性能原理参数不变，仅是形态上的相似变换。当然，也会有与前者相同的情况。

相似变换要根据具体情况确定形态的相似类型，即完全相似与不完全相似。

图 5-45　CHITCO 厨房搅拌系列

完全相似是指产品几何形态完全按固定比例变换；不完全相似则由于产品的某些部位出于功能上、使用上的限制，无论基本形态如何进行相似变换，该部件都固定不变。如手电筒的形态按比例进行相似变换，但操作开关按钮尺寸保持不变，因为该部位要满足人体工程学上的需要。不完全相似的情况，有时是出于生产工艺上最低要求的限制。

相似系列产品，首先需要确定产品基本原型，然后进行推导扩展设计，其中原型的设计是最重要的，可以通过相似变换的推导过程寻求最优化，以此避免漫无边际、跳跃性思维的不确定性和设计开发效率低下的情况。

# 第五节

# 产品形象系统设计方法——模块化

产品模块化是人们在长期实践中，逐步认识并加以运用的。德国学者雷德侯在所著《万物》一书中认为，中国的汉字系统、青铜器的模范铸造、活字印刷、斗拱梁柱的建筑构件都称得上是应用模块化构造方式的典范，也是全世界应用模块化构造方式最早的地区之一（图 5-46 ~ 图 5-49）。

现代模块化设计的主要发展可以追溯到 20 世纪 20 年代和 30 年代美国建筑师理查德·巴克敏斯特·富勒进行的灵活住房实验，即模块化住房 "Dymaxion House" 计划，该住房模块计划带有非常先进的预制浴室模块，如图 5-50、图 5-51 所示。

图 5-46　汉字

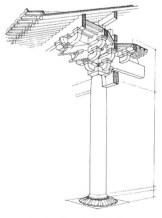

图 5-47　斗拱梁柱

图 5-48　青铜器

图 5-49　活字印刷

图 5-50　模块化住房

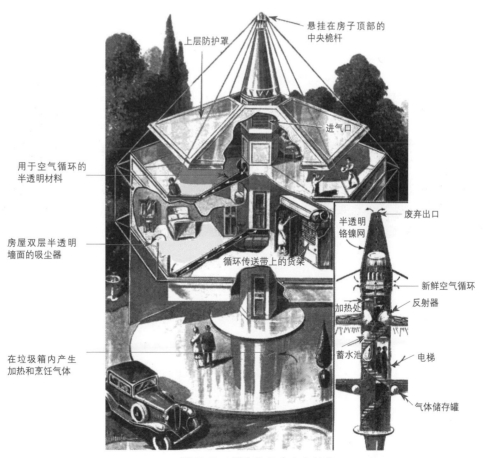

图 5-51　模块化住房内部结构

1956年，瑞典家居品牌宜家家居（IKEA），基于其平板化包装❶的概念形成了完整的家居品牌体系，系统的构造原理即为"模块化"，如桌面与桌腿的构造，既通过平板化包装降低了运输成本、提高了效率，又形成了产品的多样性与丰富度（图5-52）。

1964年，美国IBM公司的设计者在开发IBM SYSTEM 360计算机❷时创造了"兼容性"设计理念，使计算机通过不同功能部件与外设功能设备实现了"模块化"原理，通过"模块化分解"和"模块化集成"实现了计算机发展史向计算机系统迈进的里程碑式的重大创新（图5-53）。IBM将计算机分解成主板、处理器、磁盘驱动器、电源等功能相对单一的模块化组件，通过一定的规则（端口或界面）实现不同品牌的相应模块化组件互相兼容。使各厂商在确保模块端口一致的前提下，可进行完全独立的设计、制造，同时也实现了厂商在同一模块上彼此进行竞争。IBM在计算机构造设计上"模块化"原理的大胆创新运用，加速了计算机技术创新和产品升级的速度，最终导致并形成了今日全球范围内分工整合的IT产业格局，"模块化"正是推动人类变革进步的主导力量之一。

图 5-52　瑞典家居品牌宜家家居

图 5-53　IBM SYSTEM 360 计算机

---

❶ 平板化包装是宜家家居品牌著名产品策略。源于一次偶然，宜家家居员工在帮助顾客装卸桌子时不小心折断了一条桌腿，为了解决这个问题，宜家设计师设想将桌子的长腿卸下来绑在桌面下运输，不仅省去很多空间，而且桌子不易损坏。从那以后，宜家的家具都改为平板包装，后来发展形成了完整的产品体系。

❷ IBM SYSTEM 360 计算机是首个用集成电路制作的 IBM SYSTEM 360 大型计算机系统，IBM投入开发经费50亿美元，在计算机的发展史上有着特殊的地位。在美国历史上，很少有产品像 IBM SYSTEM 360 那样对技术、运行方式和创造产品的机构产生如此重大的影响。《从优秀到卓越》一书的作者吉姆·柯林斯（Jim Collins）将 IBM SYSTEM 360 评为历史上与福特T型车和波音第一架喷气式客机707齐名的三项商业成就之一。它为IBM在之后20年内引领计算机行业的发展铺平了道路。

## 一、模块的定义

模块是产品中相对独立的具有互换性的部件，是用于构造系统的功能单元，这种独立的功能单元就是模块。产品模块是一组具有同一功能和同一接合要素，但性能、规格或结构不同却能互换的单元。如自行车的轮胎、车座、避振器等都是自行车产品的功能模块，可根据不同性能、规格进行模块更换，如图5-54所示。

踏板　　把手　　车把　　刹车　　车座　　轮胎

图5-54　自行车模块部件图

## 二、模块化设计的意义

将产品的某些要素组合在一起，构成一个具有特定功能的子系统，将这个子系统作为通用性的模块与其他产品要素进行多种组合，构成新的系统，并产生多种不同功能或相同功能、不同性能的系列产品，这就是产品的模块化设计（图5-55）。

系列产品中的模块是一种通用件，也可看作是具有一定功能的零件、组件或部件。模块应具有特定的接口或接合表面以及接合要素，以便保证模块组合的互换性。模块的初始概念源于儿童积木，以一个单元或一组形态进行多种构成，可创造出房子、交通工具等丰富的造型（图5-56）。这里的积木就是基本模块，用积木进行多种结构的变换是最基础的模块化原理。产品相对于积木具有特定的功能、连接的要素和尺寸模数化三个特点。

在产品系列的组合中，模块系统具有重要意义，在现实的产品中得到广泛应用，其优点如下。

（1）利于产品的更新换代，发展系列产品。随着科技的进步，以新模块代替旧的模块，即通过模块的更新使产品换代。计算机产品就是一个很典型的例子。

（2）缩短设计周期。采用模块化设计，一次可以满足多种需求，

图5-55　瑞士维氏军刀

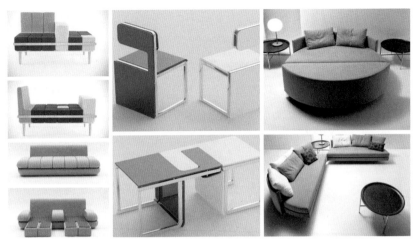

图 5-56　模块化家具

利于产品设计的快速、高效进行，且适用于小批量、多品种的柔性生产方式。

（3）降低成本。模块化不仅仅是设计方法的改变，而且涉及组织生产、工艺技术甚至管理体制的改革。由于避免了产品系列中某些要素的重复，因此能以尽可能少地投入生产更多的品种，以最为经济的方法满足各种要求。这有利于数字化技术的运用，有利于实现小批量、多品种的生产模式；既能控制整体质量，又能降低成本。

将零件作为生产模块灵活性更大，通过各种零件的相互组合，可变换多种型号的产品。这样，可以减少零件生产模块的种类。很多塑料产品在这方面最具优势，有些具有独立功能的产品本身就可作为一个零件；而且，塑料自身的材料特性使模块具有很好的组合性。

为了有效地发挥模块组合性优势，必须充分考虑模块的组合方式及组合种类，以求用尽可能少的模块组合更多不同功能和性能的系列产品。

模块系统可分为开放式和封闭式两类。所谓开放式模块系统，即模块系统是由尺寸不同的模块组成的标准度量系统。只要有足够的模块就可以组成任意不同的量度，具有无限性。封闭模块系统是由一定种类模块组成有限数的组合。在实际组合时，要考虑使用需求工艺可行性及整体相容性等因素。

模块化设计需要根据产品系统整体架构需求，针对产品的功能要求扩展而进行的设计。在模块化的产品结构中，产品的功能组成部件有着一一对应的关系，各部件之间界限分明，关系相对独立，改变一个组件，并不会影响其他组件的结构和功能，有时模块也可以独立使用。模块化设计在具体产品设计中应具有特定的功能；具有连接的要素以及尺寸的模数化等特点。如图5-57所示，模块化插座设计，运用相互并联的结构，组合所需要的功能模块，如三相插座、两相、USB等模块。

# 三、模块化分类

模块的规划是模块化设计中的关键问题。规划模块的出发点是功能分析，要根据产品的整体功能，逐级分解出主次功能，最终获得功能的载体——功能模块，在此基础上具体得出生产单元——生产模块。

### （一）功能模块

功能模块是对产品的功能进行主次功能的划分，然后将各子功能用形式关系加以表达。功能可分为主要功能和附属功能，与之相应的功能模块也可分为基本模块和附属模块等。基本模块是实现系统中的主要功能或基本功能的反复使用的基础模块，附属模块配合基本模块完成工作。如图5-58所示，英国戴森DYSON根据不同吸尘清扫功能需要，进行设计开发了不同使用功能模块。

### （二）生产模块

在功能模块的基础上，根据具体生产条件，确定生产模块，该模块是加工装配单元，是实际使用时拼装组合的模块。生产模块基于加工技术和组装操作的特性作为划分依据，一个功能模块可以分解为几

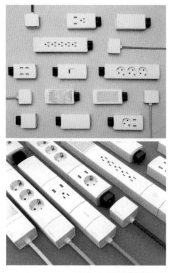

图 5-57 模块化插座设计

图 5-58 英国戴森 DYSON 吸尘器功能模块

个生产模块。以生产模块作为部件的情况较为普遍，它们既是基本模块，也是具有不同功能的模块（图5-59）。

## 四、模块的特点

### （一）组合性

组合性是指模块在组合中的可靠性和良好的置换性，遵循某些标准或在一定范围内将其精准化，实现易装、易拆、易换。如图5-60所示，MOTO Z系列模块化智能手机，通过磁点可连接组合不同功能模块，包括JBL外放音箱模块、哈苏摄像功能模块、投影功能模块等。

### （二）适应性

适应性是指模块结构与外形的适应性。从整体上考虑，模块应该具有共性，在与不同的产品进行组合时，要能够与整体产品保持形式上和视觉上的协调（图5-61）。

### （三）互换性

互换性是模块化所具备的通用化特点，是模块从系统中独立必不可少的条件。系统如果需要改变功能的话，往往只需在原有系统中增加或更换某些模块即可。如计算机一般把中央处理器、显卡、内存等安插在主板上，如果需要升级，只需把原来的功能板拔出，重新插入另一块功能板即可完成升级。由于储存器、加速器、显示器等都可以保留，因此所花费的资金远低于再购买功能相同主机的费用。由此可见，在这类体系中，各系统之间良好的继承性是得益于模块具有良好的互换性，因而可以使用户以较小的代价就实现了系统性能的显著提高。如图5-62～图5-64所示，微软ARA模块化智能手机，通过不同功能模块，实现功能组合、互换以及升级。

### （四）灵活性

灵活性是指模块可以不从属某个系统，只要任何

图5-59　英国戴森DYSON吹风机模块

图5-60　MOTO Z系列模块化智能手机

图5-61　Branka Blasius模块化家具

图5-62　微软ARA模块化智能手机

一个需要某项功能的系统能够兼容，具备相应功能的模块就可以加入该系统。当系统增加、减少或更换某些模块，就可以方便地使性能与功能更新。而且，同一功能的模块，可利用不同的元素以及连接方式构成。如图5-65所示，堆叠系统家具使用户可以根据自己的需要进行选择，通过灵活地更换不同功能的模块，实现座椅、圆桌等功能家具。

图 5-63　微软 ARA 模块化智能手机　　　　图 5-64　微软 ARA 模块化智能手机

图 5-65　堆叠系统家具

用户在选择产品时通常比较注意性价比问题，原则上不会为不需要的功能买单，如果企业专门设计一系列功能不同的产品，可能会导致产品成本过高而使之失去竞争力。而模块化产品系统设计，可实现在具备基本功能的产品基础上，设计一系列的扩展模块，用户可根据具体需要，对产品进行功能扩展。如图5-66所示，单反相机机身搭配各种焦距不同的镜头，消费者可以根据不同拍摄题材与场景需要，随时选用更换，非常方便使用。当然，佳能、尼康、索尼等不同品牌，从自身技术完整性与主动性方面考虑，设计开发了各自镜头接口结构，形成自身镜头模块化系列。

图 5-66　单反相机镜头模块

# 五、模块化设计方式

## （一）横系列模块系统

横系列模块系统是以基本产品为基础，通过更换或添加模块，从而获得扩展功能的同类型产品，但前提是要保证模块结合界面的通用性与一致性。例如，铣床在不改变产品基础结构与功率的前提下，可以通过加装立铣头、卧铣头、转塔铣头等，形成立式铣床、卧式铣床或转塔铣床等。如图5-67所示，通过更换不同材料、质感、容量的杯体，可以得到一系列新造型的储藏杯产品。

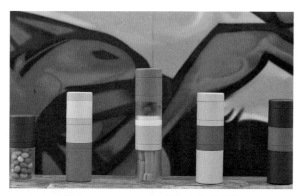

图 5-67　Stackup 模块化食物储藏杯

## （二）纵系列模块系统

纵系列模块系统是指产品的功能、原理、形式相同，结构相似，尺寸参数产生变化，但无论尺寸、规格如何变化，模块的组合与基础产品的结合面应具有通用性。如图 5-68 ~ 图 5-70 所示，JBL 音箱组合通过模块化系统，根据环境空间使用的需要，可自由地进行产品模块的组合，实现摆放、吊挂等使用方式。

图 5-68　JBL 音箱组合　　　　　　　　　　　图 5-69　JBL 音箱组合

图 5-70　JBL 音箱组合

### （三）跨系列模块系统

跨系列模块系统是具有相同或相近功能，但不同类型的模块化产品。如图5-71所示，轨道式插座模块通过滑轨这一标准化界面，实现各不同功能插座模块的连接以及不同的使用位置的变化。

图 5-71　轨道式插座模块

# 第六节

# 产品形象系统设计方法——记忆化

形象记忆也称为表象记忆，产生于感知，是在过去感知的基础上形成并保持在头脑中的事物映像，所以它同知觉一样，也是以其形象为基本特征的。它是直接对客观事物的形状、大小、体积、颜色、声音、气味、滋味、软硬、温冷等具体形象和外貌的记忆，其显著特点是直观形象性。产品是由形状、大小、色彩、材料等符号组成的整体，并以特殊的"言语"传递着各种信息，消费者通过形体、构造、尺度、位置、色彩（色相、亮度、饱和度）等视觉要素，音量（响度）、音调（频率）、时间间隔等听觉要素，温度、压力、材质、肌理、硬度和柔软度等触觉要素，动作、方向等知觉要素，嗅觉以及肢体感觉等来获取含义，经由产品语义可以不同程度地感知到并产生积极或消极的影响。因此，产品设计的关键是处理好设计语义，从而生产出最佳的商品信息。

形象记忆按照主导要素的不同，可分为视觉、听觉、触觉、味觉和嗅觉等。人们的形象记忆均属混合型，形象记忆感知能力受其自身专业、职业、喜好等影响，如音乐家擅长听觉形象记忆、画家擅长视觉形象记忆。

语义（semantic）的原意是指语言的意义，语义学是研究语言的意义。将研究语言意义的方法用于产品设计中，便有了产品设计语义学的概念。所谓产品语义学就是研究人造物体形态在使用环境中的象征特性，即在产品形态设计时运用隐喻、暗示及相似性的手法来表达产品的意义。产品语义学实际还包含符号学的运用。所谓符号学就是专门用于研究符号的意义，其中包含指示符号、图像符号以及象征符号。产品语义学就是通过由符号造型、抽象图形和一些与表达产品形象意义相关的元素的排列、综合等构成方式来解释产品的形象意义。使用者通过了解产品的形象意义，从而加深对产品形象的记忆。

## 一、以形态传达形象意义

产品的形态语言作为信息传递的载体，起着信息功能的作用。形态之所以能传达形象意义，是因为形态本身是一个符号系统，是具有意指、表现与传达等类语言功能的综合系统。而这些类语言功能的产生，是出于人的感知力。以下便是以感知的观点来说明形态是如何传达形象意义的。

人的感知能力是客观存在的，人总是会对某些形态做出相应的反应。如对于各种不同形状的旋钮，人们会本能地根据旋钮的形状做出按、拔、旋等正确的动作，否则形态设计不合理，会导致判断上出差错。

作为功能的载体，产品是通过形态来实现的，而对功能的诠释也是由"形"来完成的。通过产品形态自身的解说力，使人很明确地判断出产品的属性，如这些按钮是干什么用的，它们彼此有什么不同？哪个是加速，哪个是减速？一次应该按下几个按钮？该产品应该如何放置？如何清洗？如何恢复原始状态？如何移动？这个圆环如何运转？把绳子拆下后该如何处理？如图5-72所示，通过不同形态可直观诠释相应的功能操作。

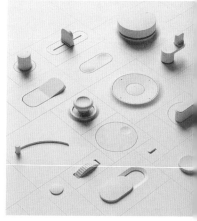

图5-72　不同形态可直观诠释相应的功能操作

## 二、以视觉要素传达形象记忆

以刺激视觉的基本要素达到构成视觉记忆点的方法，包括以形状、大小、色彩、质感、肌理传达形象记忆。在设计中，需要确定具有明显视觉基本特征的要素。这种要素需要具有比较独特的特征，可以是某种线形或某种面状和体状，也可以是某种空间处理形式或色块，还可以是某种材质、肌理。把这种具有比较独特的特征的视觉要素，作为众多产品群体中每一单体的语义符号加以体现，这样的成套产品群将具有非常大的统一性。如图5-73所示，混凝土动物游行系列，是对抽象概括的动物形态及统一的混凝土加胶合板材料的应用。如图5-74所示，鲨鱼茶漏以鲨鱼典型竖鳍形态与红茶浸泡后棕色茶汤形成典型形象记忆。产品功能各不相同，大小各异，但在具有特征的基本形态要素统一下，成为一套带有血缘关系的产品系统组合。

图 5-73　混凝土动物游行系列　　　　　　　　图 5-74　鲨鱼茶漏

## 三、以特殊符号传达形象记忆

　　强化产品的功能符号或特殊符号部件或区域，可起到提醒、关注等作用，为产品语义提供表达的机会。通过产品形状、质地、颜色、比例与关系、空间与速度、联合与分解，传达产品的层次、顺序、关联等，引导产品的使用。产品根据设计语法将语义要素、部分和整体有机地联系在一起，保证产品整体逻辑一致性和内部一致性与完整性。

　　产品的图像符号通过造型的形象发挥图像作用，向用户传递功能操作信息。其符号特征与被表征内容具有形象的相似，如按钮的表面做成手指的负形、气压水瓶的柱塞做成凸起状来说明它们的用途。产品的指示符号是说明产品是什么和如何使用，其符号与被表征事物之间具有因果的联系，如仪器中各种按钮的旋钮，必须以其形状和特殊的标志符号提供足够的信息使人们易于正确地操纵。产品的特殊符号通过约定俗成的关系，产生观念的联想，对产品的性能判定、使用操作、审美感知、情感体验等融于一体，表现出产品的功用、观念和情感的内容。如图5-75所示，通过旋动发条造型，触发定时台灯的亮起功能。

图 5-75　台灯设计

## 四、以音乐传达形象记忆

产品的听觉形象就是通过在产品使用过程中引入声音而实现的人机交流。产品听觉形象是对产品视觉形象的有益补充，听觉形象的引入必定会强化人们对产品视觉形象的感知。产品听觉形象在塑造产品形象中的作用是独特的，其在传播过程中会引起大众的情感交流，相比视觉形象更易引起亲和力。

产品听觉形象的构成包括四部分，即产品名称、广告标语、产品音效及背景音乐。它们对于产品形象的建构，都有着巨大的作用。

1.听觉形象引发"通感"效果

在心理学上有联觉效应，即人的感官是相通的，其中听觉与视觉的联觉是最常见的一种。当人们听到"我选择，我喜欢"，头脑中便会浮现出某运动鞋的形象；当人们听到唐老鸭独特的声音时，头脑中即浮现出唐老鸭的可爱形象。

2.听觉形象可以激发情感体验

当人们把日常生活中的声音在心理上引起的刺激与感受和听到的声音密切地联系起来，就会在头脑中形成一种情感体验。这种听觉形象可以不依赖视觉形象而独立发挥作用。

3.听觉形象的二次传播

视觉形象便于识记，不便于二次传播。但听觉形象便于形成二次传播，特别是广告歌曲，在不知不觉中起到了宣传品牌的作用。如娃哈哈纯净水借用当时流行的一首歌《我的眼里只有你》，通过男女主角青春靓丽的形象和简单、自然的表演，使"我的眼里只有你"的主题很自然地移情于娃哈哈纯净水。

4.听觉形象能进一步完善补充产品形象

对于企业产品来说，富有特色的声音形象的引入，既可以保持产品形象的识别性，又可以让消费者在使用产品时更加方便、更有乐趣。例如，大家每次打开台式计算机时。都能听到Windows XP启动的主题音乐，这正是微软公司想传达的一种信息"欢迎使用Windows操作系统"。当进入Windows XP后，几乎所有的操作都可以自定义反馈声音，不断给用户带来体验新事物的机会与乐趣，也正好体现了Windows XP产品的核心理念Experience（体验）。

## 五、以气味传达形象记忆

如果一个闹钟、一种书刊以致一副眼镜携有一种独特的香味的话，这种香味就有可能成功注册为商标，因为这些物品本身不会有独特的味道。使味觉变成有形的形象自古有之，"酒香不怕巷子深"讲的是，只要是好酒，就不在乎在哪里，酒香的气味都会把你吸引来。如图5-76所示，气味博物馆中各种自然界以及与生活有关的一切气味，如泥土、冰雪、手工巧克力苦咖啡，甚至包括人体气味和城市的气味等，每一种气味都有它独有的故事。可以让你想起某一个人，某一件事情，勾起你埋藏深处的记忆！

图 5-76　气味博物馆

### 思考与练习

1.通过本章节产品风格化塑造方法的学习,请观察、思考并举例说明身边产品所采用的风格化塑造方法。

2.产品设计正经历从模块化、标准化、规模化向个性化和定制化的方向发展,请思考在此发展过程中,上述风格化塑造方法是否适用,有何优势?

3.调研市场相关产品,筛选不少于5个运用"系列化"方法进行产品风格化设计塑造的案例。

4.调研市场相关产品,筛选不少于5个运用"模块化"方法进行产品风格化设计塑造的案例。

# 第六章
# 产品风格化塑造过程

单件或系列产品，既是设计师的作品，又是制造企业的产品；不仅是经营者的商品，同时又是消费者手里的用品。其属性的转化过程就是一个程序的演进过程。风格化产品是由不同部门的人员通力合作来完成的，是在过程中分阶段的相互合作来最终完成产品。以设计需求为起点，在不同的设计阶段由不同的人员参与，包括营销企划人员、项目管理人员、财务人员、技术人员及其他专家顾问等，设计人员参与到其他相关部门的各个程序上，进而使设计能够顺利地进行。

对于企业的产品开发设计来讲，市场、生产和设计是最主要的三个环节。市场决定开发的方向和前景，生产是开发的保证和条件，设计则是开发的措施和方式。要系统地完成产品风格化的开发任务，就需要这三方面人员都能够按照既定的程序完成相应的任务。因此，要对生产人员、设计人员、市场人员三者分别进行程序界定，并在实际的设计过程中促使三者能够及时沟通与合作（图6-1）。

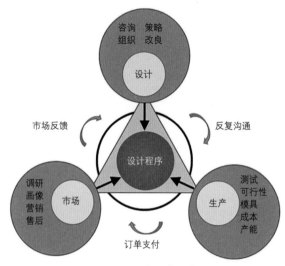

图 6-1  设计程序示意图

在设计程序中，设计需求来自对产品使用者或消费者的需求调查，并结合市场人员的市场调研和预测内容，进而由企业经营者或管理者做出开发决策，设计项目正式启动。市场人员负责市场调研、人群画像、市场营销和售后服务等；生产人员负责生产测试、模具制作、可行性分析、成本控制及产能评估等；设计者则负责设计咨询、设计策略、设计组织、设计改良提升等内容。

传统设计程序通常为线性发展模式，即前后的连续性较强，具有紧密的连带因果关系，下一步的结果取决于上一步的成功。线性设计程序将设计过程整合为几个彼此衔接的阶段，用来限定每个阶段的主要任务和达成目标。这个过程通常被分为五个线性阶段：定义问题、了解问题、思考问题、发展问题、设计与测试。或者分为研究分析、构思设想、草案设计、发展优化等几个阶段。此外，有的还分为发现问题、创意设计、分析评价、商品化等阶段。而企业内在执行设计程序时，也会明确各个具体环节的工作内容和达到的目标，如产品风格化塑造过程通常分为设计调研、设计定位、风格构建（含形态风格化设计、色彩风格化设计、材料工艺风格化设计、装饰风格化设计等）以及风格化传播推广等过程最终形成完整风格化产品系列（图6-2）。在商业化与信息化结合的今天，往往要求的是更快速有效且灵活多变的适应性设计程序系统，因此设计程序也正向立体化、系统化和全方位的方向发展，其中现代数字化技术、虚拟现实技术及3D打印技术正被引入设计程序之中。

产品风格化设计承担着将"问题概念化""概念形象化"这样一种创意与革新的工作，这也就决定了设计程序从"问题"开始，最终落在实际产品的"形象"上。企业进行产品风格化设计及开发，其"问

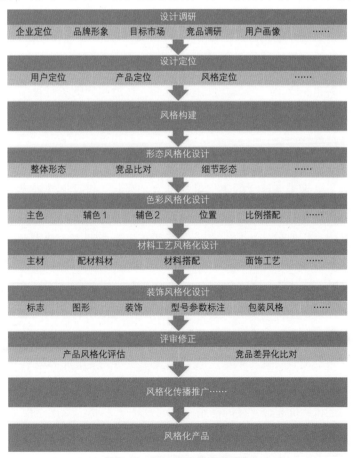

图6-2　产品风格化塑造过程

题"通常始自企业自身定位、品牌形象塑造需求、市场竞争与消费者需求等各方面需求，企业要在市场竞争中获得生存与发展的空间，就必须延续或拓展自身的产品线。因此，产品系列设计程序的"链头"是由企业主动探索市场和消费者需求，并积极塑造符合自身定位的品牌形象而设定的。与之不同的是，设计公司展开设计一般是从"委托"开始的，"问题"基本已经被委托企业确定或指定，而公司所要做的是对"问题"进行调研和分析，进而使"问题"转化为切实的"概念"。一般设计程序模型都是按照设计的先后步骤来确定，并规定每个步骤或环节所需要完成的工作或达成的目标，并提供相应的考核标准。

# 第一节

# 设计调研

设计调研即设计调查（Design Field Survey），也称设计的周边调查。最初只是用于自然科学和应用科学的一般学科领域。第二次世界大战以后，设计界和设计教育界将之引为专门化、体系化的设计调查。如今，设计调查已经成为企业制订产品开发计划和发展策略的首要任务，同时也是保证产品符合使用者需求、贴近用户的关键环节。设计调查贯穿产品风格化设计程序的始终，且循环往复，不断推动着设计的改良与革新。

设计调查的范围和内容原则上越广泛越好，但实际上这样会给后期的分析处理带来巨大的工作量和难度。因此，设计调查通常具有明确的目的性和针对性，围绕定位目标进行有计划、有条理的适量性调查，其内容主要包括用户调查、市场调查、企业调查、技术调查、法律法规及其他相关资料调查，其中以用户调查和市场调查最为重要。

### 1.用户调查

用户调查也称消费者调查，主要是对产品使用者、购买者及潜在用户进行的意向性、需求性内容的调查。主要意图是获取用户的需求信息、人群消费特征、购买心理及偏爱程度等内容，形成目标用户画像，进而为设计定位提供数据参考。同时，用户调查资料也对设计方案的确定和评价起着直接的作用。

### 2.市场调查

所谓市场调查是为在需求和供给所限定的领域中了解该领域的现

状，以便于确定适合的产品决策、经营决策所进行的系统的、科学的调查研究。市场调查的工作就是要探索经营模式，论证构成要素。

3.企业调查

企业调查的目的是使设计活动建立在企业自身文化、实力、战略以及发展方向的基础上，进而使设计与企业的整体规划及定位同步。

4.技术调查

技术调查是针对产品开发过程中涉及的生产技术、结构、材料与加工工艺等问题进行的相关调查，以便为产品设计开发做好准备。

5.法律法规调查

针对与产品设计开发、加工生产、推广销售等相关的法律条例和政策规定进行调查，如专利、知识产权保护等相关法律内容，以及产品销售国家或地区对产品材料及工艺、废弃处理方式、生产标准等方面的规定等。

设计调研过程的重点就是对调查所收集的多方面信息资料进行分类、整理、归纳，使之条理化，从而进行分析研究。对信息资料的分析采用定量、定性的分析方法，如价值分析法、投入产出法等。同时，对于分析结果的统计比较重要，一般采用统计图表、曲线图等形式会起到简洁、直观的效果，并可以帮助设计人员初步确立设计定位。常用的信息资料整理分析的表示方式主要有表格统计、流程图、图表、分布图、坐标图法。图6-3、图6-4，表6-1分别是图表、分布图、表格统计。

表 6-1　来华入境旅游者感兴趣的旅游商品统计表（单位：%）

| 类型 | 年份 | | |
|---|---|---|---|
| | 1999年 | 2000年 | 2001年 |
| 服装／丝绸 | 39.5 | 35.8 | 37.6 |
| 纪念品／工艺品 | 29.8 | 30.3 | 39.5 |
| 食品／茶叶 | 39.3 | 37.3 | 39.0 |
| 中药／保健品 | 22.5 | 20.5 | 23.8 |
| 瓷器／陶器 | 24.5 | 23.5 | 24.2 |
| 文物复仿制品／字画 | 17.4 | 10.7 | 20.9 |
| 酒／香烟 | 12.8 | 12.6 | 16.4 |
| 首饰／珍珠 | 11.8 | 15.0 | 16.8 |
| 地毯／挂毯 | 9.6 | 12.2 | 12.3 |

从表6-1可以看出，旅游产业中旅游纪念品所占的比重越来越大，虽然连续三年的旅游商品的发展趋势无法精准确定，但可推断出来华游客对于纪念品的需求必然会随着旅游产业意识的提高和人们的需求的增长得到一个井喷式的发展。

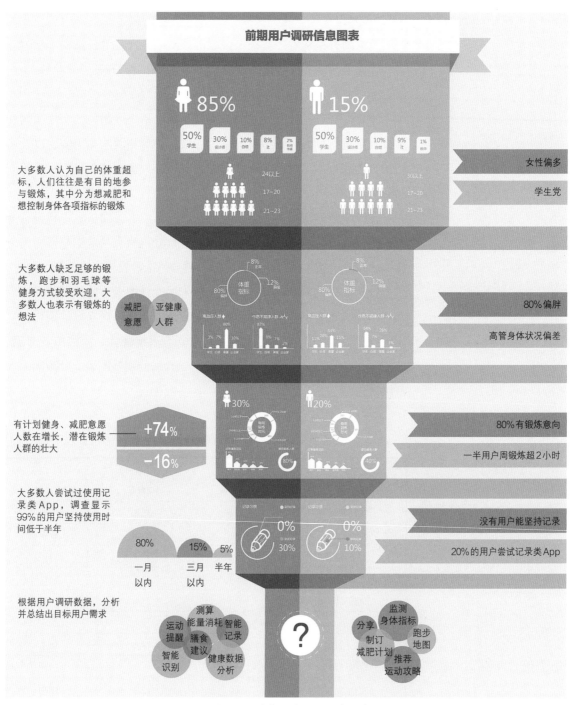

图 6-3　前期用户调研信息图表

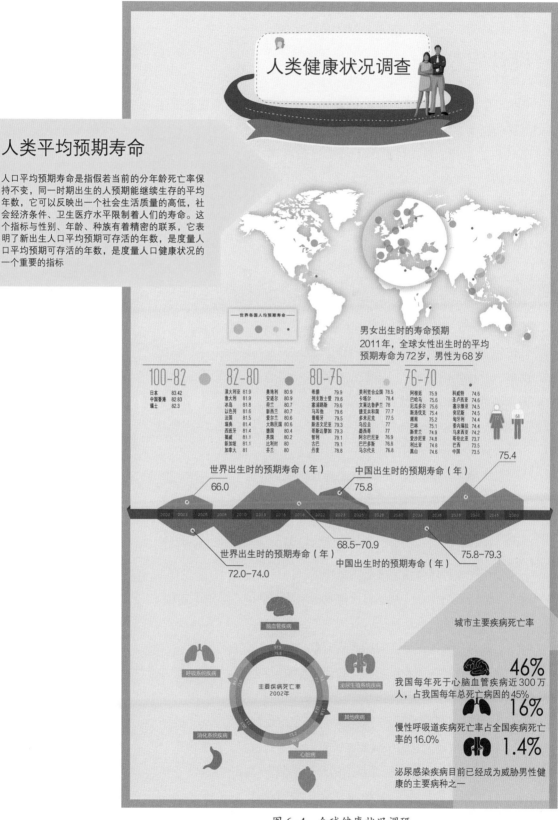

图 6-4　全球健康状况调研

# 第二节

# 设计定位

产品形象定位是消费者对产品的观感和联想，良好的联想有助于增强品牌的提及率，从而加大产品的购买率。对于消费者而言，良好的产品形象能使其愿意支付更多的溢价来购买该产品；对于企业来说，良好的产品形象是区别于其他同类产品的认知符号。而良好的产品形象一旦与企业形象、品牌形象联合起来，所产生的合力则会达到1+1>2的效果。

## 一、定位相关内容

产品形象定位是企业进入目标市场、拓展市场份额的前提，将起到导航作用。产品形象定位是形象策划的基础，而市场细分是产品定位的前提，目标市场又是产品定位的着眼点。因此，产品形象定位必须依据市场细分结果，根据自身的资源、技术条件、管理水平及竞争对手的状况，选择拟进入具有优势的细分市场。产品形象定位应具备如下相关内容。

（1）以满足企业形象为目标的产品形象定位。

（2）以满足目标消费群体需求为目标的产品形象定位。

（3）以满足产品功能需求为目标的产品形象定位。

（4）以满足产品形式需求为目的的产品形象定位。

（5）以体现流行风格潮流趋势为目标的产品形象定位。

（6）以体现社会、企业及品牌价值观追求为目的的产品形象定位。

（7）以凸显品牌风格化特征为目的的产品形象定位。

（8）以凸显色彩特征为目的的产品形象定位。

（9）以凸显材料特征为目的的产品形象定位。

（10）以凸显形态特征为目的的产品形象定位。

（11）以凸显工艺的特征为目的的产品形象定位。

（12）以体现民族文化特征为目的的产品形象定位。

（13）以体现地域文化特征为目的的产品形象定位。

（14）以体现技术的特征为目的的产品形象定位。

# 二、设计定位程序

产品形象设计定位程序是策划确定目标市场并将相关产品形象传达给消费者的过程。产品形象的塑造离不开产品定位，产品的定位需要在实践中不断地修正、完善和提升，是一个不断重复的循环过程，偏离目标市场的产品形象是不可能成功的，在此过程种各因素相互影响、互为关联（图6-5）。

在进行产品形象定位时，可以从情感诉求方式、心理暗示角度、购买的缘由等方面进行考虑，从而强化产品形象的亲和力以及与消费者之间的互动力。产品形象设计定位必须清晰明确，使消费者能在丰富多样的商品中迅速分辨出产品形象。产品形象的定位直接决定和影响着一个产品能否塑造出良好的形象，如果定位产生偏差，各方面工作即使做得再好也不能塑造出良好的形象。

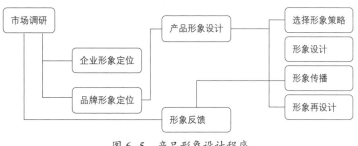

图 6-5　产品形象设计程序

## （一）功能定位

功能是产品的生存依据与决定性因素，不存在没有功能的产品。人们购买产品时，主要是为了购买产品的功能，功能会伴随着产品渡过其整个生命周期。合理、复合的产品功能会延长产品在市场上的生命周期，使产品自身的生命力增强，赋予产品新的功能，会增大产品本身的价值点。产品功能的内涵，包括以下几个方面。

（1）产品的物理功能——主要包括产品本身的性能、构造、精度、可靠性等。

（2）产品的生理功能——主要包括产品的使用是否符合人机工程，是否便于操作，是否会给操作的人带来危险，安全性是否可靠等。

（3）产品的心理功能——产品造型是否符合审美的需要，色彩、纹理等要素是否使人愉悦。

（4）产品的社会功能——产品的象征性或产品是否使消费者感受到其价值、兴趣、爱好、地位等。

做好产品功能定位是产品是否能在市场立足的关键，没有好的功能呈现，也就没有良好的市场表现。

## （二）外观定位

设计是艺术与科技相结合的学科，产品是科技与艺术的结晶。产品要服务于广泛的消费者，产品外观应该具有大众普遍性的审美，只有这种普适性审美才能使产品的审美服务性得以实现。产品外观定位不是装饰的简单堆积，而是功能与外观的完美结合。在外观定位的同时要注意产品外观细节，对产品外观细节上的合理推敲，将使产品的外观精致入微，使产品的审美价值大幅提高。

# 第三节

# 风格建构

产品是技术、艺术、社会、人文、时代、观念的结合和统一。为展示企业理念，执行市场定位，产品形象设计需要突破限定因素的制约，凸显产品形象个性和内质，运用技术、材料、工艺、形态、色彩等组成产品形象风格的设计要素，有效地突出设计的价值和个性魅力。所谓产品形象风格是"形象的语言形式在外在形态的个性设计中的反复、充分的体现"。产品的形象风格表现是一种复合的语言形式对形象风格系统的描述过程，在此过程中要求用形象的本质特征对产品的风格取向做出明确的界定。

产品形象风格是多元化的，随着科学技术的进化、社会文明的进步、人文观念的演化、社会历史的推进以及地域文化的影响，逐渐形成产品形象形式的多样化。人们通过对产品造型的特征、构成外部造型的形式以及个性的直觉感受，开始对设计风格认知，进而通过形态语义所表达的功能使用、操作方式以及审美趣味来深入地理解产品的内涵特点，以判断产品的形式风格，是对产品不断地在直觉——理性——感性中的转换认同的过程。现代产品造型是风格设计艺术化、科技实用化、文化地域化、经济社会化价值的综合体现，是孕育多元灿烂风格的沃土。风格的形成具有自身的规律性，其任何存在形式都将与技术、艺术、社会、人文、时代、观念结合和统一。因此，某一时代设计风格的形成主要取决于对科学技术、设计艺术观念和生活方式之间辩证关系的理解和把握。

产品对人和社会的意义，是满足人们的生活需求和审美追求，同时为企业带来相应的利润和商业价值，其中有效地运用产品的形象识别系统是获得商业价值的重要方法和途径。在这一系统中，产品造型的外在形式，是直接利用服务于人的手段和方法，建立良好的和谐关系；同时对产品形象特征所产生深刻的印象，使人对产品的有效性能产生美好愿望和情感依赖。单纯的技术只能制造产品冰冷的结构和机能，而无法改变其呆板和无感的形态。以造型艺术手法与形态风格塑造，达到技术品质与形象形式的完美结合，改变理性而严肃的技术对人们感性的疏离状态，使产品形象更具亲和力，拉近人与产品之间的距离，使产品的技术性能和品质易于接受和理解，从而提升用户对其产品情感和品质认同。许多成功的设计证实了，产品的设计风格对品质、有效价值和形象的个性特征的表现，可以在思维和感性中得到认识和评价。形象设计的精神价值和特有的内在气质在消费选择中被认同，是消费评价的直接标准，产品的风格也像它的效能价值一样给人们的生活带来帮助与品质提升。从产品形象风格的产生、演化发展到确定认同对消费的连贯影响，形象风格在产品分类中延续产品形象整体与细分的关系，统一在企业文化和市场规划的主线中，是达到风格形象目标的关键。

## 一、企业文化导入设计风格

企业文化是企业自身的文化观念和历史传统，共同的价值准则、道德规范和生活信息，将各种内部力量统一于共同的经营理念和指导思想之下，汇聚成为明确的企业或品牌方向。企业文化通过不断建设和发展，已成为社会公众认知的企业理念和企业形象，是公众认识企业的重要途径和企业传播的重要手段。在市场激烈的竞争与有限的生活空间中，企业的文化特色和经营理念是主导统一产品造型风格的根基。定义企业产品造型的美学含义，统一产品形象的审美意象特征，以此为媒介是有效传播企业文化品质和品牌质量、确立市场地位的有效手段和方法。企业精神是企业文化的灵魂，企业文化的体现要以物质产品为载体，用企业文化来丰富产品内涵，使产品和企业文化之间互为影响、互为体现、互为促进。

以苹果公司为例，其采用聚焦的产品战略、严格的过程控制、突破式的创新和持续的市场营销。创新文化，使得苹果几乎每年都有新的产品问世。苹果推出的每一款产品，都带给客户最新的体验，引领时代的潮流。

　　1978年4月推出的苹果Ⅱ是当时最先进的计算机（图6-6）；1983年推出的丽萨（Lisa）计算机也是当时世界上最先进的（图6-7）；随后，1984年推出的麦金托什计算机（Macintosh）设计精美、技术领先，是当时最容易使用的计算机（图6-8）。1998年苹果发布了IMAC G1计算机（图6-9）；2001年1月发布了用于播放、编码和转换MP3文件的工具软件iTunes，改变了流行音乐世界；2001年11月推出了引领音乐播放器革命的iPod，以及用于将MP3文件从Mac上传输到iPod上的工具软件iTunes2（图6-10）；2007年6月推出了改变智能手机市场格局的iPhone（图6-11）；2010年4月发布的iPad则让平板电脑成为一种潮流，改变了PC行业的未来发展方向（图6-12）。以iPod为例，设计理念打破了以往电子产品如MP3、笔记本电脑等厚重的黑色和冰冷的金属质感为主的外观模式，以介于纯白和乳白色的经典苹果白作为整个iPod系列的形象标识，从耳机到轮盘式的控制盘，以及机身表面简洁的白色配上光滑通透的材质，给人以轻快、温暖而时尚的感觉。对创新的热爱、执着、精益求精，成就了苹果公司行业领先者的地位。

图6-6　苹果Ⅱ

图6-7　丽萨计算机

图6-8　麦金托什计算机

图6-9　IMAC G1计算机

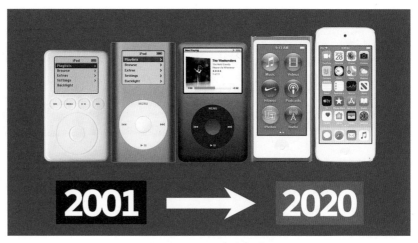

图 6-10 iPod 音乐播放器

图 6-11 iPhone 手机

2010    2018

图 6-12 iPad 平板电脑

## 二、产品形象个性化的作用

产品的创新不是重复过去，而是创造未来。文化观念、技术创新、行为方式的时代特点，是导致人们对品牌价值期盼不断改变的直接因素。在新产品的设计开发中，形象特征的创新升级需要消费者转换新的视角来认识其新的存在价值，但是形象风格的传承延续与创新是同等可贵和重要的。在设计创新中风格血脉的延续，取决于能否对具有典型风格意义的造型细部和产品的内在精神气质加以传承，并能融入新的设计，促使创新与风格延续在企业市场发展战略指导下有序推进（图6-13）。

社会的发展、环境的改善是一个永不停顿的过程，产品的风格形式必须在时代条件下同时满足品牌品质和意向审美的双重效能要求，才能使企业品牌和产品形象不断适应新的变化形势。在整体的社会环境中研究分析人们的希望和市场的反映，明确消费与供给的双向互动

图 6-13　奔驰汽车车型发展历程

和驱动消费动力的因素是非常重要的（图6-14）。

　　它是企业品牌形象和产品风格进行调整和完善的前提条件，满足这种条件才能达到企业新的发展和定位要求。在用户与产品的沟通环节中，产品的推介与实际效能所产生价值的统一，是建立用户与产品信任关系的基础。信任需要在产品的体验（消费者的生理、心理与审美体验）中来确立。从这个意义上讲，设计的形象语言对表达产品的抽象品质、传达品牌的无形价值起着决定性作用。设计风格的魅力在于提升产品价位、提高品牌认知率，从而调动人们对产品感性的活性素。

图 6-14　奔驰汽车前部形象、侧面及尾部形象

## 三、产品风格塑造相关内容

　　在前文产品风格化塑造过程中已梳理相关设计流程（图6-15），产品风格塑造具体涉及形态风格化设计、色彩风格化设计、材料工艺风格化设计以及装饰风格化设计等方面内容，各个部分之间相互影响及

作用，并最终整合成为完整的风格化产品。根据品牌定位需要以及实际情况出发，可单独塑造单一方面内容，也可任意组合搭配其他内容。

如图6-16所示，Fuseproject设计公司的西部数据系列硬盘设计，通过色彩与装饰风格化手段配合，采用了更加多彩的外观以及不同的纹理，形成西部数据全新移动硬盘风格化产品。

如图6-17所示，JOSEPH JOSEPH品牌产品独特的系列造型以及突出的彩虹配色，保证企业品牌在市场和消费者心中的地位和影响的继续扩大。

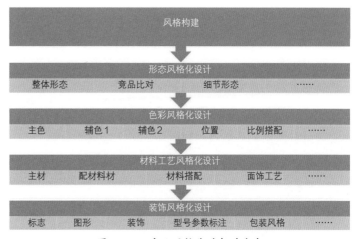

图 6-15　产品风格塑造相关内容

图 6-16　西部数据系列硬盘设计

图 6-17　JOSEPH JOSEPH 品牌产品

## （一）形态风格化设计

产品形态作为传递产品信息的第一要素，能使产品内在的品质、组织、结构、内涵等因素，通过设计的手段进行物质外在呈现，使人产生生理和心理感受的过程。产品造型指产品的外形，与感觉、构成、结构、材质、色彩、空间、功能等密切相联系的"形"是产品的物质形体；"态"则指通过产品可体会到的外观感受和神态，也可理解为产品外观的表情因素。

产品自身涵盖双层特征，一种是理性特征，如产品的功能、材料、工艺等，是产品存在的基础；另一种是感性特征，如产品的造型、色彩、使用方式等与产品的形态生成有关的因素。产品造型设计以功能实现为基础，融合技术、材料、工艺等方面展开，形成系统的和谐美。不同于纯造型艺术，产品造型设计则必须满足用户的功能使用需求，形成技术解决方案，需要用理性的逻辑思维来引导感性的形象思维，以解决问题为标准。

产品的形态是通过尺度、形状、比例及层次关系对心理体验的影响，让用户产生拥有感、成就感、亲切感，是营造主题理念的重要方面；同时还可塑造不同的情绪主题，使人产生夸张、含蓄、趣味、愉悦、轻松、神秘等不同的心理情绪。例如，对称或矩形展现严谨、秩序感，有利于营造庄严、宁静、典雅，明快的气氛（图6-18）；圆形和椭圆形展现出包容、扩张感，有利于营造完满、活泼的气氛（图6-19）。

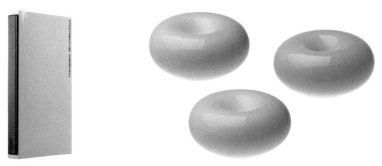

图6-18 保时捷设计 LACIE 移动硬盘　　图6-19 深泽直人设计的加湿器

自由曲线可塑造动态造型，有利于营造热烈、自由、亲切而韵律的气氛。自由曲线所具有的自由度、自然而生活的气息，可塑造出富有节奏、韵律和美感的造型。流畅的曲线可表现刚柔并济、收放自如、有张有弛，曲线造型富有韵律感（图6-20）。残缺、特异等造型手段，可营造时代、前卫的主题。残缺所展示不完整的美，会给人以极大的视觉冲击力和前卫艺术感（图6-21）。

形的建构是美的构造，产品形态设计会受到工程结构、工艺材料、

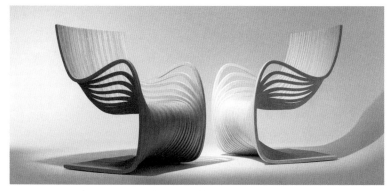

图 6-20 楚格设计作品 "Do hit chair"

图 6-21 曲线座椅设计

生产条件等多方面的限制，只有将科技与艺术进行整合，才能创造出可变而多样化的产品设计创意。人的视觉和触觉是辨别产品形态特征的重要感官。消费者初识某品牌产品，在识别——认知——体验——认同的过程中，品牌随品质认同而注入人的记忆后，利用特有的造型语言准确地把握形与态的关系，进行产品形态设计，并借助于产品的特定形态，向消费者传达企业或品牌特定设计理念，产品造型的个性化便成为消费者选择和筛选的重要条件。如图 6-22 所示，戴森公司通过将其气旋分离马达利用透明罩体视觉外露，达到极具形态风格化的吸尘器产品系列。因此，贯穿企业产品造型语言的有别于其他品牌同类产品的独特特征和整体风格特征应予以保留和传承。

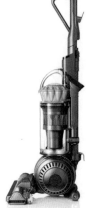

图 6-22 戴森公司吸尘器产品

## （二）色彩风格化设计

产品的色彩具有审美性、装饰性，同时还具有符号、寓意和象征意义。不同的色彩组合可以表现不同的产品形象定位，彰显不同的产品层级和消费价值，如高端奢华的礼品多采用贵金属的金色与黄色；科技类产品多使用冷静的蓝色与金属灰色。作为视觉审美的核心，色彩深刻地影响着人们的视觉感受和情绪状态，对色彩的感觉最强烈、最直接，印象也最深刻。产品的色彩设计包括色相、明度、纯度以及色彩给人的视觉与心理感受，通过色彩的符号性、象征性等特点，由此而产生的与相关经验或事务的联想，从而产生复杂的心理感受。色彩设计服从于产品形象的定位，不同的色彩及组合会给人带来不同的感受，如红色热烈、蓝色宁静、紫色神秘、白色单纯、黑色凝重、灰色质朴等（表6-2）。

### 表6-2　色彩视觉与心理象征

| 色彩 | 象征 |
| --- | --- |
| 红色 | 热情、活泼、激情、喜庆，容易鼓舞勇气，西方象征牺牲之意，东方则代表吉祥、乐观之意 |
| 黄色 | 给人轻快、充满希望和活力感，常与金色、太阳、启迪等事物联系在一起。东方代表尊贵、优雅之意，是帝王御用颜色；是一种可以让人增强食欲的颜色 |
| 紫色 | 高贵神秘，略带忧郁，代表权威、声望、深刻和精神。蓝紫色有优雅、孤独、献身之意；红紫色有高贵、神秘、神圣之意 |
| 蓝色 | 轻快、自由、安静、宽容、柔情、永恒、理想、艺术、忧郁、广阔、深邃、清新。在欧洲象征着对国家忠诚之意 |
| 绿色 | 清新、希望、安全、平静、舒适之感，大自然的颜色，有新生之感 |
| 白色 | 洁净安静、纯洁无瑕、一尘不染，给人以朴素、淡雅、干净之感 |
| 黑色 | 永恒、沉稳、厚重、严肃、夜色，也代表着黑暗、阴郁、拘谨等，给人以一种压抑、肃穆乃至恐怖的情感反应，往往象征着暗无天日、死亡、恐惧、沉重、紧张、威严等 |

色彩是文化的载体之一。色彩设计受到所处时代、社会、文化、地区及生活方式、习俗的影响。例如，日本人喜欢红、白、黑、橙、黄等颜色，而意大利人喜欢绿和灰色。色彩设计应依据产品形象的定位进行相应的设计创意。色彩影响着用户对产品的感知方式，通过合理的色彩设计，可以引导用户自主地感知对象。例如，通过颜色暗示产品的使用方式或提醒注意，通过颜色表示比例和方向，突出警示危险部件或设施等。如传统照相机大多以黑色为外壳表面，突出其遮光性，提醒人们注意避光，并给人以专业的精密严谨性。

色彩在设计中贯穿于产品计划、设计、营销、服务等整个企业活动的所有环节。色彩应用既包括从产品设计的总体目标出发，以理性

图 6-23 费斯托（FESTOOL）
品牌的电动工具

的、定量的方法对色彩进行的统一管理，也包括对产品的色相、明度、纯度等因素的技术性控制。

1. 色彩风格规划

根据产品属性、品牌个性、企业传统等因素制定相应的产品色彩策略，并将已经定案的色彩计划，在严格的技术手段控制下付诸实施，使产品能够准确地体现设计意图。产品设计的色彩管理有助于保持产品形象的一致性；有助于产品的标准化生产控制，在产品的迭代升级过程中，可以快速对某些部分进行更新，并快速推出新产品。如图6-23所示，德国工具品牌费斯托（FESTOOL），以醒目的绿色贯穿所有产品线，产品的风格化特征非常明显，具有很强的辨识性，是色彩传达企业文化内涵成功的案例。

如图6-24所示，色彩风格化设计规划，需要基于前期市场调研分析内容结果（企业定位、品牌形象、目标市场、竞品调研以及用户画像），根据所确定的设计定位，进行色彩风格化设计素材的看板制作。

2. 制定设计规范

在产品风格化设计的具体工作中，色彩设计需要运用色彩原理在设计实践中的理性把控能力，其中包括色彩的基本原理、色彩与视知

图 6-24 色彩风格化设计素材看板制作

觉、色彩心理学等内容，同时要求设计师对色彩具有敏锐的感知能力，这是一种长期训练得到的审美素养。重要的是，在色彩风格化设计中，设计师还要对色彩、形态、材料、结构甚至工艺等进行综合把控，设计指定完整而全面的产品风格化配色方案，并形成色彩设计执行规则。如图6-25所示，根据色彩风格化设计素材看板，为品牌所设计制定的色彩系统设计规范，明确主、辅以及其他色彩在产品上所占比例以及位置，以此达到同一品牌不同产品色彩风格形象统一或相似，形成家族化系列产品。

图 6-25　色彩系统设计规范

如图6-26所示，同为电动工具领域的博世品牌，其风格化色彩与费斯托品牌完全不同，消费者可以清晰地分辨出不同品牌产品（可比对上图费斯托品牌的电动工具形成清晰印象）。

### （三）材料工艺风格化设计

人们对于材料工艺的直觉心理过程是不可否认的，而质感本身就是一种艺术形式。如果产品的空间形态是感人的，那么利用良好的材质与色彩可以使产品设计以最简约的方式充满艺术性。材料的质感肌理是通过表面特征，给人以视觉、触觉、心理联想或象征意义。产品形态中的肌理因素能够暗示使用方式或警示作用。人类手指上的指纹，提高了手的敏感度并增加了把持物体的摩擦力，使得产品尤其是手工工具的把手获得有效的利用并作为手指用力和把持处的暗示。如图6-27所示，飞行游戏手柄的不同功能部分采用不同的材料工艺。

通过选择合适的造型材料来增加感性、浪漫成分，使产品与人的互动性更强。在选择材料时不仅可以用材料的强度、耐磨性等物理量来做评定，还可以将材料与人的情感关系远近作为重要评价尺度。不同的质感肌理能给人不同的心理感受，如玻璃、钢材可以表达产品的

图 6-26　博世品牌电动工具

图 6-27　飞行游戏手柄

科技气息，木材、主材可以表达自然、古朴、人文情怀等。

材料的基本特征是指材料在使用与加工过程中，呈现出的基本性能。材料的基础特征分为物理特征、化学特征和延展特征。

1.物理特征

材料的物理特征是指材料的色彩、密度、熔点、热导率、热膨胀系数、绝缘性、磁性和可燃性等。材料的物理特征是控制各种物理现象和产品品质的重要依据，如密度大，光泽好、耐磨性强等。合理应用好材料的物理特性也是产品风格化设计的重要依据。

2.化学特征

材料的化学特性是指材料在不同温度、作用力、光照、电流、磁场和生物作用等条件下对各种介质的化学特征及自身可能的化学变化特征。材料的化学特征是控制各种化学现象的重要依据。如热敏变色、光照固化、压缩生热等。合理利用材料的化学特征，也是产品设计的重要依据，如荧光棒就是合理利用材料化学特征的案例（图6-28）。

图6-28　荧光棒

3.延展特征

材料的延展特征是指材料的工艺特征、感性特征、环境特征和经济特征。

（1）工艺特征。材料的工艺特征是指材料在成型过程中的可能性，任何一种材料都有多种合适的工艺，在工艺的变化下材料所呈现的效果也是多样的。这就是材料的工艺特征，所以合理地运用工艺特征，能够充分发挥材料的潜质，提高材料的应用范围。如图6-29所示，设计师Xiaoxi Shi和他的设计团队设计的JS 3D knitted shoes编织鞋。

（2）感性特征。材料的感性特征是指人们对材料所产生的综合印象。这种综合印象是指人的视觉、触觉、味觉、嗅觉和听觉等感官，受到材料信息刺激所引起的生理及心理反应，特别是触感知和视觉感知是影响用户情感认同的重要触点。如图6-30所示，对于汽车的方向盘材料的感性特征用户就十分在意，用户除了对视觉有自己的要求外，对方向盘材料的气味和触感也非常敏感，这些都是用户情感认同的重要因素。

图 6-29　JS 3D knitted shoes 编织鞋

图 6-30　汽车的方向盘设计

（3）环境特征。材料的环境特征是指材料适合的应用环境条件。不同的材料对环境的因素有一定的要求，合理地运用材料的环境特征，可以避免材料因环境因素和周围介质产生侵蚀和破坏，以保持产品在使用过程中的品质。如图6-31所示，很多产品使用环境与水有关，而潮湿环境极易促使电子产品元器件失灵，因此为了能在有水的环境中使用，防水材料是当下许多电子类产品提高产品卖点的选择。

图 6-31　水下产品

（4）经济特征。经济特征是指材料在实际应用中的经济指标（材料的价格、加工成本和回收成本等）。材料的经济性是重要的评价指标，当然材料成本不是越低越好，合理是基本原则。因为不同的消费人群有不同的标准，如何根据产品的消费人群选择合理经济指标是保持产品竞争力的关键。

材料工艺风格化设计中需要合理、恰当地选择材料与工艺，并制定产品设计开发中多种材料与工艺之间的搭配规范。

### （四）装饰风格化设计

装饰风格化设计包括装饰材料、表面处理工艺及图纹三个方面内容。

#### 1.装饰材料

装饰材料与表面处理工艺是指为了产品风格化的美学和品质感需求，覆着于基础材料表层的外观材料和表面工艺。装饰材料一般分为膜材、化工涂层材和纺织面料等。而与之相关的表面工艺一般分为"通用工艺"和针对某种材料的"特定工艺"。不过许多装饰材料其实是材料也是工艺，两者之间是无法分割的关系，例如膜材类。装饰材料和表面工艺是产品结构材料的衣服，目的是增加产品的美学形象和外观品质，以满足消费者更高的情感需求和耐用需求。就产品外观的表面装饰和保护而言，除了可以附加装饰材料外，也可以根据产品基本材料，通过选择合理的表面处理工艺来实现，如珠光塑料、金属抛光和拉丝等（图6-32）。装饰材料主要分为膜材、涂料、油墨、染料、纺织面料、皮革、板材、装饰纸和耗材。

图 6-32　产品不同表面处理工艺

#### 2.表面处理工艺

表面处理工艺是指产品表面或材料的表面美学处理和功能改善处理，主要包括前处理、电镀、涂装、化学氧化、热喷塑等众多物理化学方法在内的工艺方法。产品在加工、运输、存放、销售和使用等过程中，其表面会有这样和那样的具体需求，如保持产品外表不受损伤、提升产品外观的美学价值和产品外观的耐用性等。

### 3.图纹

图纹在风格化设计中主要包括装饰性和功能性两个方向。图纹风格化设计不仅包括二维图形的符号特征，还包括三维立体肌理特征。如图6-33、图6-34所示，Fuseproject设计公司为Jawbone公司设计的MINI Jambox蓝牙音箱。随着设计多维度的发展，设计师力图深层次提升图纹设计的符号含义和视觉体感。如图6-35所示，首先根据设计定位进行装饰图纹设计素材看板制作，然后提取素材抽象元素以及确定图形规范，最终形成装饰图纹风格化设计。当然图纹视觉效果和情感魅力的实现会受限于色彩、材料工艺。

从逻辑概念角度来说，材料是基础，工艺是手段，色彩是情感，图纹是语言，形态是骨骼。色彩、材料、工艺、图纹之间是相辅相成的统一体，缺一不可。从市场趋势、设计创意、生产制造、质量管理的视角设计图纹，可全面提升企业的产品综合品质和服务质量。

因此，形态、色彩、材料工艺和图纹风格化设计是企业在商业活

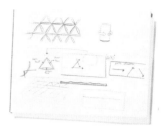

图 6-33　MINI Jambox 蓝牙音箱设计稿及产品

图 6-34　MINI Jambox 蓝牙音箱

图 6-35　装饰图纹设计素材看板制作

动中赢得竞争优势的重要方式。风格化设计遍及我们生活的方方面面，是联系设计对象与消费者之间深层次的情感认同的重要桥梁。通过形态、色彩、材料工艺以及装饰风格化的塑造，将带来消费者感官与情感的全新塑造。

感官包括视觉、味觉、嗅觉、听觉、触觉，是人与产品产生交互作用的通道。这五种感官通过形态、色彩、材料工艺以及装饰风格化塑造，使产品在宜人的基础上变得感人、动人，使产品在消费者心理体验中表现出更高的情感品质。情感是产品形象与消费者情感归属的心理共鸣现象。人的情感感受是主观的，因人而异的，但是也存在着某种程度的共性之处。将产品的形态、色彩、材料工艺、装饰与人的感觉系统对应起来，并对消费者形成某种导向性的情感归属和心理暗示是风格化设计的目的之一。一件产品与消费者在情感上达成共鸣，这时的消费概念已发生了质的变化，消费者消费的已不再是物质化的产品，而是情感化的产品。如我们希望所设计的女性产品，整体体现出一种恋爱感和甜蜜感，因为很多女性认为产品的使用只是一种形式，如果产品给自己的情感营造甜蜜的港湾，将会是更好的选择。而对于老年人而言，对于情感归属的理解则完全不同，产品看上去应该有一种尊重感、安全感和友好感，而不是紧张感、鄙视感和仇恨感。其原因在于随着老年人年龄的增高，多少有一种被社会所抛弃的感觉，因此，给老年人一种仍然可以自立的尊严感是老年产品的情感归属。如何从物质走向更高精神层面的情感体验，产品外观只是一种外部表现，而真正的内涵是赋予产品情感化表情的设计，这也将成为引发人们自主进行情感消费的设计方向。

# 第四节
# 保护提升

什么是包装？包装是为在流通过程中保护产品、方便运输、促进销售，按一定技术方法采用的容器、材料及辅助物等的总体名称；也指为了达到上述目的而采用容器、材料和辅助物的过程中施加一定技术方法等的操作活动（图6-36）。美国相关学者定义包装是产品的运输和销售所做的准备行为；英国相关学者定义包装是为货物的运输和销售所做的艺术、科学和技术上的准备工作。

图6-36 香水包装设计

# 一、包装在产品形象中的作用

品牌是消费者对产品及产品系列的认知程度，是一种商品综合品质的体现和代表，是企业文化和关系构成品牌的底蕴和目标。品牌是人们对一个企业及其产品、售后服务、文化价值的一种评价和认知，是一种信任。品牌的认定是对该产品或产品系列所有信息处理的过程，是联系企业、产品和消费者的纽带。品牌包装作为产品是否畅销的重要保障之一，品牌包装设计时必须充分了解市场的需求和消费者心理，使包装应能够将产品相关信息呈现反映给消费者，并有效引导消费者消费和使用。随着人们生活水平大幅提高，消费者对产品的需求不再局限于自身的使用功能，已进一步扩展为产品消费、使用所带来的精神上的满足。企业需要不断创新提高品牌知名度的途径，大胆创新设计品牌的包装。通过包装设计可以辅助塑造产品形象，包装会给消费者在购买产品时带来直观印象，可以帮消费者进一步选择产品。无论是包装的保护产品、方便运输的原始功能，还是在消费者心里所起到的促进销售的功能都会在包装设计上得到体现。

产品的包装除了保护商品、方便运输的基本作用外，还具有强有力的营销作用。高品质的包装不但能为消费者购买提供便利，而且能为企业创造业绩财富。其作用主要体现在以下六个方面。

## （一）保证产品品质完整与安全

包装可以使商品的质量和数量保持安全和完整，这也是包装最原始的功能之一。在生产出来的产品从生产地走到销售市场的过程中，都会经历转移和堆放储存的环节。包装既可以使商品在流通中不被损坏，数量不被减少；也可使商品保持清洁，给消费者良好印象以便于销售（图6-37）。

图 6-37　蜂蜜包装设计

### （二）塑造第一良好印象

在产品从生产到包装后变成商品进入市场销售后，给消费者的第一印象是商品的包装而不是商品质量本身。包装是无声的营销员，第一印象能否吸引消费者是成功销售的关键因素。图6-38为蜂蜜产品包装设计，使人们认识到其产品的独特优势，Supha Bee Farm是泰国两个主要的蜂蜜生产商之一，其拥有自己的养蜂场和养蜂设施，产品是100%的纯蜂蜜，其包装设计灵感来自蜂巢的框架结构，十分亮眼。

### （三）呈现产品或品牌形象特点

每个企业都会根据自身定位、理念及产品的不同，设计选用不同的包装，形成各自形象特点，从而方便消费者区分。通过对产品的不同包装设计，产品得以区分不同于同种性质企业的类似商品，从而形成独特的形象风格标识，维护自己企业的形象，增强企业在市场中的竞争力（图6-39）。

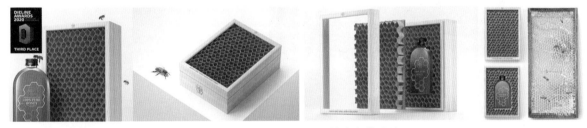

图6-38　Supha Bee Farm 蜂蜜包装设计

图6-39　奥斯陆咖啡和甜甜圈店的产品包装设计

### （四）减少损耗，增加收入

在产品的运输流通转移的各个环节中，合理的包装设计可以保障产品品质，使产品不易被损坏，减少在环节中不必要的损耗，保证商品可以正常进行销售。在销售过程中，恰当完美的包装可以激发消费者的购买欲望，从而增加销量。

### （五）引导消费者选购及使用

随着商业竞争的加剧，营销已成为商品销售中重要的环节，对包装的要求也越来越高。随着消费者自我意识及主动性的提高，包装所起到的作用就是引导消费者购买并指导他们使用产品。高品质的包装还可以带给消费者好的印象，刺激其购买欲，这时的包装则扮演的是营销的角色，不但美观还节省了劳动力（图6-40）。

图 6-40　日本超市中的商品包装设计

## （六）减少产品价值的流失

通过包装的产品能免受在运输储藏中带来的各种损害，从而减少产品价值的损失与流失，同时，通过包装设计强化突出产品或品牌形象特点，还给产品在销售过程中增加了附加值。

包装在品牌的传播中起到了至关重要的作用，是产品形象与品牌传播的附加价值，产品包装与产品自身这两者是不可分割的整体。包装对产品的增值作用不只表现在包装表面上给产品带来的外在价值，更重要的是对企业塑造品牌时所产生的重要影响力。企业若能将包装的增值效果运用准确，不仅能达到宣传产品的目的，还能取得难以估量的价值效果。根据产品属性及所针对消费群体的需求来进行的针对性包装设计，能满足消费者不同的需要，引导消费者选购并塑造推广品牌形象及价值。品牌的传播是否顺利并最大限度地推广，关键在于产品内在价值和外在附加值是否配合恰当。在产品功能差异化不足的情况下，包装的外在附加值，就成为令产品脱颖而出的关键。高品质的包装在产品形象树立、品牌塑造和推广中，都产生了非常积极的影响。

包装是产品的附属品，是实现产品价值和使用价值的重要手段。产品包装是品牌理念、产品特性、消费心理的综合反映，是品牌或产品给消费者的第一视觉冲击，是在消费者脑海里形成的形象定型。因此有产品的包装就是产品的第一说明书的说法。随着自助性销售方式的日益普及，零售终端的产品不再靠导购人员和营业人员的介绍，而是靠在货架上的"自我介绍"，即让产品自己说话。让产品通过包装上的图文对产品进行生动化描述，吸引顾客、引导消费、实现销售，从而建立"会说话的品牌"。产品包装设计是建立产品与消费者亲密度的有力手段。经济全球化的今天，包装与产品已融为一体。包装作为实现商品价值和使用价值的手段，在生产、流通、销售和消费领域中，发挥着极其重要的作用，是企业界、设计界不得不关注的重要课题。

## 二、包装设计的三大构成要素

包装设计指选用合适的包装材料，运用巧妙的工艺手段，为包装商品进行的容器结构造型和包装的美化装饰进行设计。包装设计包括造型要素、装潢要素、结构要素三大构成要素。

### （一）包装造型设计要素

包装造型即包装形态，是商品包装展示面的外形，包括展示面的大小、尺寸和形状。形态要素是以一定的方法和法则构成的各种千变万化的形态，是由点、线、面、体这几种要素构成的。包装的形态主要有圆柱体类、长方体类、圆锥体类和各种形体以及有关形体的组合及因不同切割构成的各种形态（图6-41）。包装形态构成的新颖性对

图 6-41　包装设计

消费者的视觉引导起着十分重要的作用，突出的视觉形态能给消费者留下深刻的印象。包装设计必须以产品为基础，突出形态要素本身的特性，以此作为表现形式美的素材。

1. 形态特征要素

形态特征设计又称形体设计，多指包装容器的造型。通过形态、色彩等因素的变化，运用美学原则，将具有包装功能和外观美的包装容器造型以视觉形式表现出来。包装容器必须能可靠地保护产品，并兼具优良的外观造型，同时具有相适应的经济性等。

包装造型具有功能、物质和造型三大要素。要素之间相互联系，相互制约。功能要素是容器造型设计的出发点，包括保护功能、储存功能、便利功能、销售功能等。物质要素是完成功能的基本手段。根据功能和成本需要选用材料、工艺，甚至开发研究新材料、新工艺以满足包装设计需要。造型要素包括式样、质感、色彩、装饰等，造型表现受到功能要素及物质要素的影响制约。

包装容器的空间是有限的，由物体的大小来决定。容器设计除了它本身所应有的容量空间外，还有组合空间、环境空间。因此在容器造型过程中，还应考虑容器跟容器排列时的组合空间，提高运输效率以及提升商品陈列的整体效果。

2. 形式美法则要素

进行包装造型设计时，还必须从形式美法则的角度去认识它。按照包装设计的形式美法则结合产品自身功能的特点，将各种因素有机、自然地结合起来，以求得完美统一的设计形象。包装的造型变化主要从对称与均衡、对比与调和、重复与呼应、节奏与韵律、比拟与联想、比例与尺度、统一与变化等形式美法则均衡考虑。容器造型的线形和比例是决定形体美不可缺少的主要因素，而容器造型的变化则是强化容器造型设计形象风格所必需考虑的。

（1）线形。线形从立体造型来说，形是体，体也是形，具有高度、长度和宽度。这里说的是图纸设计时平面的线形。容器造型体现在线形上是不同线的结合。用不同的线组织在一起，能成为既对比又协调的整体。如图6-42所示，为六角形蜂蜜包装设计。

（2）比例。比例是指容器各部分之间的尺寸关系，包括上下、左右、主体和副体、整体与局部之间的尺寸关系。确定比例的根据是体积容量、功能效用、视觉效果。容器的各个组成部分比例的恰当安排，能直接体现出容器造型的形体美（图6-43）。

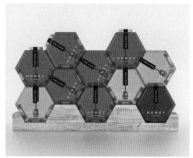

图 6-42　六角形蜂蜜包装设计

图 6-43　包装的形体美

（3）变化。造型的变化是相对圆形、方形、锥形、圆柱等基本型而言的，否则变化也就失去了依托。由于单纯的基本型单调，因此用或多或少的变化来加以充实丰富，从而使容器造型具有独特的个性和情趣。

①切削。对基本型加以局部切削，使造型产生面的变化。由于切削的部位大小、数量、弧度的不同，可使造型千变万化。但在切削的过程中要充分运用形式美法则，既讲究面的对比效果，又追求整体的统一，才不会使容器显得凌乱琐碎（图6-44）。

②空缺。容器造型设计根据形象造型或功能需求而进行虚空间的处理。功能需求的空缺造型，应充分符合人体的合理尺度。空缺部分的形状要单纯，一般以一个空缺为宜，避免因纯粹为追求视觉效果而忽略容积的问题（图6-45）。

③凹凸。在容器上进行局部的凹凸变化，可以产生丰富的视觉效

图 6-44　切削造型包装

图 6-45　空缺造型包装

果，但凹凸程度应与整个容器相协调。通过在容器上加以与形象风格相适的线饰，也可通过规则或不规则的肌理在容器的整体或局部产生面的变化，使容器出现不同质感、光影的对比效果，以增强表面的立体感（图6-46）。

④变异。相对常规的均齐、规则的造型而言，可以在基本型的基础上进行弯曲、倾斜、扭动或制造其他反均齐的造型变化。此类容器一般加工成本较高，因此多用于高档的商品包装（图6-47）。

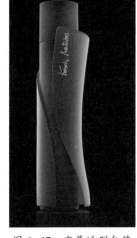

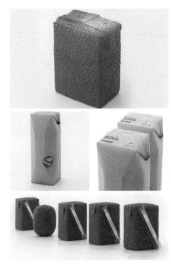

图 6-46　凹凸造型包装　　图 6-47　变异造型包装　　图 6-48　拟形包装

⑤拟形。通过对某种物体的写实模拟或意象模拟，取得较强的趣味性和生动的艺术效果，以增强容器自身的展示效果。同时，整体造型要简洁、概括，便于加工生产。如图6-48所示，为深泽直人所设计的不同水果口味的饮料包装。

⑥配饰。配合主体而进行的装饰。通过与容器本身不同材质、形式对比强化个性的设计，使容器造型设计更趋于风格化。配饰的处理可以根据容器的造型，采用绳带捆绑、吊牌垂挂、饰物镶嵌等方式。如图6-49所示，大米的包装增加斗笠配饰使其更加形象。

另外，还有组合、肌理、雕饰、镶嵌、吊挂以及系列化等多种表现手法。在进行以上变化手法时，必须考虑到生产加工上的可行性以及材料对造型的特殊要求，因为复杂的造型会使加工模具增加难度，而过大起伏或转折的造型同样会令开模变得困难，造成废品率的增加从而增加成本。

除此之外，造型设计还要根据产品的属性、存储、运输与宣传等

图 6-49　配饰包装

方面，选择适宜的材料，利用不同材料的表面变化或表面形状可以达到商品包装的最佳效果。无论是纸类材料、塑料材料、玻璃材料、金属材料、陶瓷材料、竹木材料还是其他复合材料，不同的包装材料具有不同的质地肌理效果。运用不同材料并妥善地加以组合配置，可给消费者带来不同的感觉。材料是包装设计的重要环节，它直接关系到包装的整体功能和经济成本、生产加工方式及包装废弃物的回收处理等多方面的问题（图6-50~图6-52）。

图 6-50　材料创新包装设计

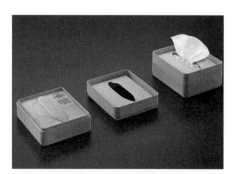

图 6-51　材料创新包装设计

图 6-52　材料创新包装设计

## （二）包装装潢设计要素

包装装潢设计是以图形、图案、文字、色彩、浮雕等设计形式，突出产品的特色和形象，力求造型精巧、图案新颖、色彩明朗、文字鲜明，从而装饰和美化产品，以促进产品的销售。装潢构图是将商品包装展示面的商标、图形、色彩和文字组合排列在一起的一个完整的画面，这四个要素的组合构成了包装装潢的整体效果。

1.商标设计

商标是一种符号，是企业、机构、商品和各项设施的象征形象。商标设计是由服务主体的功能、形式决定的，其可以将丰富的传达内容以简洁、概括的形式，在相对较小的空间里表现出来，能够使消费者在较短的时间内理解其内在的含义并极具辨识度。如图 6-53 所示，为老字号企业"老庙黄金"商标调整前后的效果。商标一般可分为文字商标、图形商标以及文字图形相结合的商标三种形式。成功的商标设计是创意表现有机结合的产物，是根据设计要求，对某种理念进行综合、分析、归纳、概括，通过哲理的思考，化抽象为形象，将设计概念由抽象的评议表现逐步转化为具体的形象设计。

图 6-53　老字号企业"老庙黄金"商标提升

2.图形设计

包装装潢的图形主要指产品的形象和其他辅助装饰形象等。图形作为设计的语言，要把形象内在、外在的构成因素表现出来，以视觉形象的形式把信息传达给消费者。要达到此目的，图形设计的定位非常关键。定位的过程即熟悉产品内容的过程，其中包括商品的性质、商标、品名的含义及同类产品的现状等诸多因素。图形表现形式可分为实物图形和装饰图形两种。

（1）实物图形。采用绘画手法、摄影写真等进行表现。绘画是包装装潢设计的主要表现形式，根据包装整体构思的需要绘制画面，为商品设计服务。与摄影写真相比，它具有取舍、提炼和概括自由的特点。商品包装的商业性决定了设计应突出表现商品的真实形象、要给消费者直观的印象，所以用摄影来表现真实、直观的视觉形象是包装装潢设计的重要表现手法（图 6-54、图 6-55）。

（2）装饰图形。分为具象和抽象两种表现手法。具象的人物、风

图 6-54　蔬菜包装设计

景、动物或植物作为包装的象征性图形，可用来表现包装的内容物及属性。抽象的手法采用抽象几何形纹样、色块或肌理效果构成画面，简练、醒目且具有形式感，也是包装装潢的主要表现手法。通常具象形态与抽象表现手法在包装装潢设计中相互结合配合使用。

如图6-56～图7-59所示，是对澳大利亚连锁超市Coles' Own Brand' 的自有品牌糖果系列进行了重新设计和重新定位。通过对整个系列的棒棒糖和甘草进行彻底的改造，提升货架上的"自主品牌"区块，展示产品分组的新方式，来展示该系列中更强的信息层次和吸引人的设计视觉变体。在包装上，干净的设计为每个糖果SKU打造了迷人的个性，图形简单但表情丰富的面孔作为中心元素，唤起了一种"敢于与众不同"的玩世不恭的精神，具有超越年龄和时尚的经典吸引力。

内容和形式的辩证统一是图形设计中的普遍规律。在设计过程中，

图6-55　蔬菜包装设计

图6-56　糖果系列包装设计

图6-57　糖果系列包装设计

图6-58　糖果系列平面形象设计

图 6-59　糖果系列包装设计

根据图形内容的需要，选择相应的图形表现技法，使图形设计达到形式和内容的统一，适用、经济、美观的装潢设计作品是对包装设计的基本要求。

（3）色彩设计。色彩在包装设计中占据着重要的位置。色彩是美化和突出产品的重要因素。包装色彩要求平面化、匀整化，这是对色彩过滤、提炼的高度概括，以人们的联想与习惯为依据，受到工艺、材料、用途和销售地区等的限制。

包装装潢设计中的色彩要求醒目，对比强烈，有较强的吸引力和竞争力，以激发消费者的购买欲望，从而促进销售。例如，食品类以鲜明丰富的暖色色调为主，突出食品的新鲜、营养和味觉；化妆品类常用柔和的中间粉色或紫色色调；五金、机械工具类常用蓝、黑及其他沉着的色块，以表现坚实、精密和耐用的特点；儿童用品类常用鲜艳夺目的纯色和冷暖对比强烈的各种色块，以符合儿童的特点；体育用品类多采用鲜明、响亮的色块，以增加活跃、运动的感觉……不同的商品有不同的特点与属性（图6-60～图6-62）。

图 6-60　果味饮料包装设计　　　　图 6-61　果味饮料包装设计

图 6-62　果味饮料包装设计

（4）文字设计。文字是传达思想、交流信息与感情，表达某一主题内容的符号。商品包装上的牌号、品名、说明文字、广告文字以及生产企业等，都反映了产品的基本内容。设计包装时，必须把这些文字作为包装整体设计的一部分来统筹考虑。如图 6-63 ~ 图 6-65 所示，为啤酒包装设计，在视觉层面上，品牌以文字讲述了它的故事，看起来只有文字信息，但是从远处看时，由文字本身的变形组成了一个老人的面部图像。

图 6-64　啤酒包装设计

图 6-63　啤酒包装设计　　　　图 6-65　啤酒包装设计

包装装潢设计中文字内容要务求简明、真实、生动、易读、易记；字体设计应反映商品的特点、性质，有独特性，并具备良好的识别性和审美功能；文字的编排与包装的整体设计风格应和谐。

### （三）包装结构设计要素

包装结构设计是从包装的保护性、方便性、复用性等基本功能和生产实际条件出发，依据技术原理对包装的外部和内部结构进行具体考虑的设计。一个优良的结构设计，首先应当以有效地保护商品为首要功能；其次应考虑使用、携带、陈列、装运等的方便性；最后尽量考虑能重复利用，减少一次性包装的浪费。如图6-66~图6-68所示，新西兰蜂蜜包装在包装上追求做到更好，品牌方致力于产品包装能为消费者所惊艳和收藏。白对白的美学特色贯穿着整个纸板形式的包装设计，风格简洁而不失高端，其灵感来自"在一个特别罕见的麦卢卡花盛开的季节里眺望，看到山上鲜花洁白，仿佛春天下雪"的生动记忆。

优秀的包装设计是包装造型设计、装潢设计与结构设计三者有机的统一。造型和结构没有保证，装潢就失去了依存的条件。容器造型的形态美和结构的合理性需要相互统一，只有将三者有机结合，才能充分地发挥包装设计的作用。

图 6-66　蜂蜜产品包装造型图

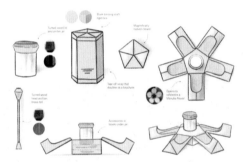

图 6-67　蜂蜜产品包装结构图

图 6-68　蜂蜜产品包装装潢图

# 第五节

# 产品形象的传播推广

## 一、发挥广告塑造形象的作用

由于心理学在广告中具有独特、不可取代的地位和作用，广告设计中往往会将广告与心理学的研究结合起来。科学、成功的广告都遵循了心理学法则，心理学对广告内涵的提升和广告信息的传播都有极大的帮助。通过广告传播，将富有创意和表现手法的信息传递给消费者，引导消费者产生购买行为。心理学主要从人们的购买动机、趣味、行为和特性等方面展开研究，了解广告宣传的心理学规律，使消费者在观看广告的同时，对品牌的认知程度、品牌利益和品牌形象等深入了解，并建立起品牌情感和购买需求，从而产生最终的品牌认证和购买行为。在广告设计中，掌握心理学的运用，可以使广告效果更接近大众的期望，有助于广告的传播和发展。

广告创意是直接影响广告是否成功的关键因素。在人们认识和接触广告的过程中，抓住消费者心理动向，将心理学的理论巧妙地运用在广告设计中，结合独到的创意，从而达到吸引注意、激发对产品的兴趣、诱发联想和满足情感需要的目的。

### （一）吸引注意

为了吸引消费者的注意，广告设计需要在创意上下大功夫。充分运用心理学理论，通过夸张、滑稽、幽默等表现手法，演绎富有意义的商品，此时便会引起消费者对广告的注意，最终达到广告的宣传效果。如图6-69、图6-70所示，肯德基的一组"火辣脆鸡"因为创意非常直接又非常有趣，让人看了忍不住还想看。广告精妙地抓住了产品

图6-69　肯德基"火辣脆鸡"广告

图 6-70　肯德基"火辣脆鸡"广告

的特质，用炸鸡的松脆外壳来替换火焰的纹理，消费者在强烈的视觉冲击下，每咬一口炸鸡，都能感受到味蕾在舌尖上玩动感飞车、辣味分分钟冲上天际的劲爆。

## （二）激发兴趣

绝大多数人都会有一种心理，那就是好奇心。可充分利用消费者对"新奇特"的事物充满好奇的心理特征，在广告形式上勇于创新，加入新鲜、奇特的想法和构思，使广告发挥出奇制胜的效果，从而很好地激发观众兴趣，使他们产生跃跃欲试的心理反应。图 6-71 是儿童汉堡包系列广告，采用对称拼接的构图方法，对儿童干净与邋遢的两种形象进行了充分形象的对比。画面通过表现出孩子的淘气，有效地传达出广告的主题。

图 6-71　儿童汉堡包系列广告

## （三）诱发联想

联想是指由一种事物引起对另一种事物的想象，简而言之是由某物或某人而想起与之有关的事物或人物的思想活动。联想是对事物之间相互联合和相互关系的反映，在广告心理学中这一现象又被称为思维联想规律。在广告设计中采用对比、伏笔等手法，使消费者在仔细观察广告内容的同时，对画面产生联想，增强对产品的好奇心，从而达到宣传的目的。图6-72是布鲁塞尔航空公司系列平面广告。创意上选取布鲁塞尔有名的动物皮毛的纹理，并进行放大处理，创造性地将纹理有机组合形成飞机的线框图案，可谓一举两得，既有效地表述了广告的主体和当地的特色，能够激起读者的兴趣；同时，渐变的蓝色给人以天空的感觉，向读者传递出乘坐在飞机上安全、自由自在的感觉。

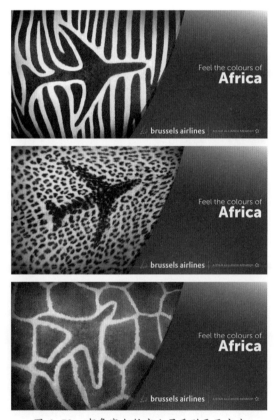

图 6-72　布鲁塞尔航空公司系列平面广告

## （四）满足情感需要

随着市场经济的进步，消费者的消费行为已由最初单纯的物质享受开始向精神方面转变。情感可维系人与人之间最微妙的关系，相对于理性广告而言，富有感性基调的广告能够更加容易触碰大多消费者的情绪或情感反应。一则独特的广告可以打动人们的心灵，满足消费者情感上的慰藉和需要，最终实现消费者真正的购买行为。

## 二、遵循广告策划原则

广告策划运作需要遵循一定的客观规律性，进行广告策划必须遵循以下五个原则。

### （一）统一性原则

统一性原则要求在进行广告策划时，从整体协调的角度考虑问题，遵循广告活动的整体与部分之间相互依赖、相互制约的统一关系，体现广告活动的特征和运动规律，实现广告活动的最优效果。广告策划的统一性原则，要求广告活动各方面要步调一致，服从统一的营销目标和广告目标，服从统一的产品形象和企业形象。没有广告策划的统一性原则，就做不到对广告活动各个方面的全面规划、统筹兼顾，广告策划也就失去了存在的意义。

统一性原则具体体现在以下几个方面：广告策划流程及步骤统一，从市场调研，到广告环境、主题、目标分析、创意、制作、媒体选择、发布，直到广告效果评测等各个阶段，统一性原则要贯彻整个策划过程；广告媒体要统一，避免重叠，以免造成发布费用浪费；媒体之间组合有序，避免互相抵触、互相矛盾；广告形式与产品内容统一；广告要与销售渠道相统一，广告的发布路径与产品的流通路线要一致，避免形成广告滞后或产品与广告不同步现象。总之，广告策划的整个活动过程是统一的整体。

### （二）调适性原则

统一性原则是广告策划的基本原则。但是仅有统一性还不够，还必须具有灵活性，具有可调适的余地，才能在市场活动中游刃有余。市场环境、产品情况并非一成不变，广告策划要处于不断的调整之中。只强调广告策划的统一性原则，忽视了调适性原则，广告策划极易出现广告与实际情况不一致的现象。广告策划活动要保持整体统一，在统一性原则的约束下具有一定的可调适性，策划活动才能与复杂多变的市场环境和现实情况保持同步或最佳适应状态。

及时调适广告策划，主要体现在以下三个方面。

#### 1.广告对象发生变化

广告对象是广告信息的接收者，是广告策划中的目标消费者群体。当事先设定的广告对象不够准确或消费者群体发生变化时，要及时修正广告对象策划。美国广告大师大卫·奥格威在1963年的一份行销计划中说："也许，对于业务员而言，最重要的一件事就是避免使自己的推销用语过于僵化。如果有一天，当你发现自己对着主教和对着表演空中飞人的艺人都讲同样的话时，你的销售大概就差不多了。"

**2.创意不准**

创意是广告策划的灵魂，当创意不足、缺乏冲击力，或者创意不能完美实现广告目标时，广告主体策划就要进行适当的修正。

**3.广告策略的变化**

如事先所确定的广告发布时机、地域、方式或媒体等不恰当或者出现新情况时，广告策划就要加以调整。

### （三）有效性原则

广告策划不是纸上谈兵，其目的是必须使广告活动产生良好的经济效果和社会效果，取得良好的广告效果。广告费用是企业生产成本支出之一，需要在统一性原则的指导下，保障宏观与微观效益；追求长远与眼前效益；广告策划既要以目标消费者为中心，也要考虑到企业的综合实力和承受能力，千万不能搞理想主义而不顾及企业的实际情况。应用时要追求经济与社会效益相结合；不顾长远效益，只追求眼前利益，是有害的短期行为。

### （四）操作性原则

广告策划要具有可操作性，按照客观规律运行。广告策划的流程及内容，有着严格的规定，每一步骤、每一环节都是可操作的。具体执行广告计划之前，对广告效果要进行预先测定；广告计划执行以后，若未达到预期效果，可按照广告策划的流程回溯，查出问题环节。若没有广告策划，广告效果则是盲目而不可控的。

### （五）针对性原则

广告策划的流程是相对固定的。但不同的商品，不同的企业，其广告策划的具体内容和广告策略会存在诸多不同。同一企业的同一种产品在不同的发展时期，可采用不同的广告战略。针对市场、竞争、消费者、产品或广告目标等不同情况，广告策划的重点与战略战术都可进行针对性调整。一个模式代替所有的广告策划活动，必将是无效的广告策划。广告策划的最终目的是增强广告效果，如果不讲究针对性则很难实现。

以上五个原则是任何广告策划活动都必须遵守的原则，它们不是孤立的，而是相互联系、相辅相成、缺一不可的。这些原则不是人为规定的，而是广告活动本质规律所要求的。

# 第六节

# 产品形象的维护服务

乔治·阿玛尼曾说过："我们要为顾客创造一种激动人心而且出乎意料的体验，同时又在整体上维持清晰一致的识别。商店的每一个部分都在表达我的美学理念，我希望能在一个空间和一种氛围中展示我的设计，为顾客提供一种深刻的体验。"

随着社会越来越复杂，信息越来越多，人们可选择的维度与范围也越来越广、越来越大。在这样复杂的信息化时代，消赞者的选择基准从过去依靠产品质量和服务，已逐渐转变为依靠品牌和企业的形象，并开始期待和追随企业的名声。对于企业名声的定义和企业名声是如何形成的，有着各式各样的论点。许多管理学家聚集了意见，认为企业名声不是单纯根据产品质量和服务形成的，而是统合考量了消赞者的经验和企业的各项社会活动、经营方式等各种社会要因之后，由消费者和投资者们所形成的评价。

在形成企业名声的各种要素中，"感性诉求"是最重要的。消费者在判断企业名声的时候，最大影响层面是过去的经验和根据周围的评价所形成的个人感受。这是因为在评价其他要素的时候，感性会主观地介入判断。消费者使用产品时，最先体验到的是其有意义的部分（美的经验和过去的经验为基础），从而创造出感性经验。像这样引发感性诉求的感性经验，无论是从美学还是意义的层面，都会通过留存在记忆中的体验而形成，并持续引导出正面感情（图6-73）。

图 6-73　消费者经验模型

现代企业常采用以下方式塑造和维护产品形象：通过多样的空间设计或差异化形象的建筑物，扮演引导消费者正面感情的重要角色；

通过品牌旗舰店或主体展示卖场来展示品牌形象和展望，使消费者直接体验产品和服务；从空间的内外设计，到日光与照明的氛围营造，使消费者们在空间内、外部自然走动，从而感受空间；通过多样化、积极的活动使消费者产生体验记忆，从而引发感性经验的美、意义经验；通过多样化的空间设计，不断努力以感性传达给消费者特别的形象。位于德国斯图加特的奔驰博物馆以企业的历史为中心，展示着公司的核心模型（图6-74～图6-76）。在博物馆展示的汽车，摆脱了单纯陈列产品的身份，被认为是文化末日科学发展的轴心，使访客们能够认识奔驰的文明发展史。另外，访客们能够直接触摸、体验核心技术的集合体——跑车和概念车。引导消费者参与的交互式展示，能够帮助访客们将拜访奔驰博物馆的经验留存得更久。而将奔驰商标形象化的建筑物内部设计，参访者的走动则扮演着使访客往两个不同的展示馆自然分流又结合的角色，并将引领汽车历史的企业就是奔驰这样的记忆透露给访客。奔驰品牌博物馆是由独特建筑的内、外部形态，以及随历史潮流所透露奔驰记忆的空间所组成的，是将品牌形象体验极大化的绝佳事例。

随着竞争型的经济结构越来越火热，与过去只以产品和服务的功能性来评价企业不同，现在则是根据多种要素相结合的复合性形象来评价企业。企业不能只停留在和企业形象相关联的狭义品牌经营。由于广告等单向的交流渠道，要凸显它们的形象和品牌甚至是企业名声

图 6-74　奔驰品牌博物馆（1）

图 6-75　奔驰品牌博物馆（2）

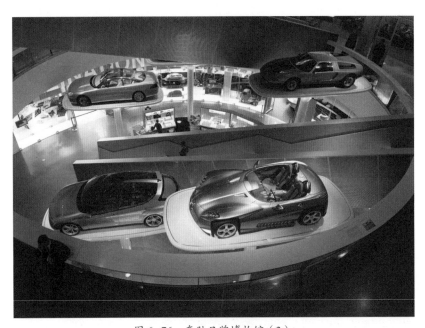

图 6-76　奔驰品牌博物馆（3）

变得越来越困难了。因此，从社会、文化综合的角度切入的品牌体验空间设计，正逐渐定位为企业取得名声的手段。如脱离单纯的陈列和销售，通过体验等感性经验传达企业的形象给消费者；通过产品或是平面设计无法提供的新空间体验，来宣传与塑造着企业的形象。如图6-77～图6-79所示，是中华老字号企业"周村烧饼品牌体验馆"的空间设计展示。

图 6-77 周村烧饼品牌体验馆（1）

图 6-78 周村烧饼品牌体验馆（2）

图 6-79 周村烧饼品牌体验馆（3）

# 第七节
# 产品形象的营销思维

营销是指在以消费者需求为中心，企业所进行的有关产品生产、流通和售后服务等与市场有关的一系列经营活动。市场营销作为一种计划及执行活动，其过程包括对一个产品、一项服务或一种思想的开发制作、定价、促销和流通等活动，其目的是经过交换及交易的过程达到满足组织或个人的需求的目标。

## 一、传统定义

美国市场营销协会对市场营销的定义：市场营销是创造、沟通与传送价值给顾客及经营顾客关系以便让组织与其利益关系人受益的一种组织功能与程序。

麦卡锡于1960年对微观市场营销定义：市场营销是企业经营活动的职责，将产品及劳务从生产者直接引向消费者或使用者，以便满足顾客需求及实现公司利润；同时，也是一种社会经济活动过程，其目的在于满足社会或人类需要，实现社会目标。

菲利普·科特勒强调了营销的价值导向：市场营销是个人和集体通过创造并同他人交换产品和价值，以满足需求和欲望的一种社会和管理过程。

菲利普·科特勒于1984年对市场营销再次定义：市场营销是指企业的这种职能：认识目前未满足的需要和欲望，估量和确定需求量大小，选择和决定企业能最好地为其服务的目标市场，并决定适当的产品、劳务和计划（或方案），以便为目标市场服务。

格隆罗斯强调了营销的目的。营销是在一种利益之上下，通过相互交换和承诺，建立、维持、巩固与消费者及其他参与者的关系，实现各方的目标。

## 二、现代定义

江亘松在《你的行销行不行》中利用"行销"的英文 Marketing 对"什么是营销"作了下面的定义：就字面来说，"行销"的英文是

"Marketing"，若把Marketing拆成Market（市场）与ing（英文的现在进行时表示方法）这两个部分，那行销可以用"市场的现在进行时"来表达产品、价格、促销、通路的变动性导致的供需双方的微妙关系。

中国人民大学商学院郭国庆教授建议将市场营销表述为：既是一种组织职能，也是为了组织自身及利益相关者的利益而创造、传播、传递客户价值，管理客户关系的一系列过程。

关于市场营销较普遍的官方定义：市场营销是计划和执行关于商品、服务和创意的观念、定价、促销和分销，以创造符合个人和组织目标的交换的一种过程。

如图6-80所示，展示了简要的市场营销过程五步模型。前四步致力于了解顾客需求，创造顾客价值，构建稳固的顾客关系。最后一步收获创造卓越顾客价值的回报。通过为顾客创造价值，企业相应地以销售额、利润和长期顾客资产等形式从顾客处获得价值回报。

图 6-80　市场营销过程五步模型

简单来说，市场营销就是一个通过为顾客创造价值而建立盈利性顾客关系并获得价值回报的过程。概括来说，通过采取有效的营销策略，可以使用户通过营销活动过程的体验来加深他们对产品或服务形象的感受，提升他们对品牌的忠诚度和信任度。

## 第八节

# 产品形象的设计评价

在产品设计方案确定后，企业管理层会召开设计会议对各个方案进行综合性的评价，从而选择投产的最终方案。这种评价，不仅是对产品的创新形式、功能和效果表现等内容上的感性评价，还是针对成本核算、市场接受程度、销售前景以及生产可行性、市场竞争力及存在的风险等内容的量化评价，这一过程需要有严谨的数字来做评价的依据。方案一旦确定，就转入产品的商品化实施阶段，设计人员就要与技术人员、生产人员紧密合作，完成具体的设计实施内容，包括精确的尺寸图、零件图及装配图、样机或真机模型乃至最终的模具开发等。

设计评价的目的就是将不同的人、不同的视角、不同的要求进行汇编，通过定量和定性化的分析，评估设计方案的实际开发价值，并对设计施加影响，其本质可以说是设计付诸生产实施之前的"试验"和"检验"，其目标是尽量降低生产投入的风险。因为设计过程的投入成本与生产投入成本相比较要少得多。如果一款产品在投入生产后发现存在缺陷或问题，那企业的损失要远远超出前期开发设计成本投入。因此，任何一个企业对于设计方案的综合评价和筛选过程都是十分严格而慎重的，有时甚至需要经过多次反复的评价和论证才能决定最终的方案。

在设计评价阶段，企业通常汇集各方面人员组成评审委员会，召开评审会议。评审人员包括企业的决策者、销售人员、生产技术人员、设计人员、消费者代表、供应商与经销商、顾问专家等。他们可以从各自不同的角度来审查评价设计方案，并针对各项评价内容对方案进行评分或提出相关建议。因此，尽可能全方位立体、真实地展示与说明设计构想尤为关键。企业在评审之前要制定适宜的评审程序和进程安排，在不同的具体评价中，还应视具体情况确定相应的评价程序，大体就是一个总—分—总的模式（图6-81）。

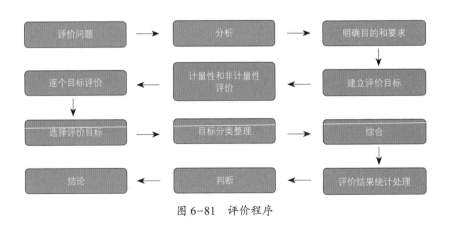

图6-81 评价程序

## 一、产品形象设计评价准则

对产品形象的认知是一个持续诱导的过程，与时间有关。消费者通过对产品形象的重复经验，将最终长期地建立起这种认知。为了在尽量短的时间内建立起这种认知，需要运用一切可以利用的设计力量，最大化地发挥每一个设计元素的作用，对产品的设计规划进行有效的管理，并制定出严格的设计规范和操作规范。还要对在产品形象的设计、规划中所涉及的方方面面进行控制管理，使产品形象始终与企业形象保持高度的统一性。

### （一）企业文化与产品风格保持一致

企业文化与产品风格应该保持一致，具有企业个性，体现企业精神。在产品造型设计上充分考虑企业文化因素的影响，设计的产品要符合企业的文化内涵、符合企业的市场定位。

### （二）品牌个性与产品形象保持一致

品牌个性应与产品形象保持一致，利用产品设计的各个侧面不断强化关于品牌产品特定的属性和感觉，从而产生某种熟识和经验，将有助于消费者迅速而正确地理解品牌所传达的完整信息，并由不同且相关的意义侧面构成品牌产品的感性形象。

### （三）系列产品的外在视觉形象保持一致

外在视觉形象是指视觉所能感受到的产品形象的整体。从视觉传达的过程及结果来看，任何一次产品形象的传播所留下的印象都是短暂的。而系列产品的品牌形象不是在短期内或者经过一两次传播就可以轻易形成的。它需要一个较长的持续刺激过程，通过一些相似的东西持续刺激，来不断加深同一形象，使消费者对其形成较为固定的印象。因此，品牌旗下系列产品视觉形象个性的相似或延续，将有助于产品形象一致性的塑造。

### （四）产品形象风格保持一致

形成一致的产品风格形象，需要整合一切可以统一的因素，大到整体，小到细节，从整体上把握，从细节上推敲，力争将产品的方方面面，包括形态、色彩、材质等统一到一种风格中去，表现出统一的视觉风格形象。

### （五）主产品与附件产品保持一致

在重视主产品形象的同时，也不能忽略附件产品的形象。因为它们也是构成产品整体形象的一个部分，其品质的好坏直接影响主产品的形象，所以应做到主产品与附件产品搭配协调、色彩统一、风格一致。

### （六）产品形象与包装形象保持一致

包装是产品形象要素的重要组成部分，除了满足盛放、运送产品的功能外，同时也是产品形象向消费者传播的重要途径。它的视觉效果将直接关系到消费者对产品的第一印象。不同的产品有不同的包装，包装的品质应与产品的品质一致，体现出产品的价值。根据产品的不同定位决定产品的包装，同时注意同系列产品包装的统一性。

### （七）产品形象与视觉传播形象保持一致

产品的视觉传播形象主要包括产品广告媒体、网页设计、形象展示等，对产品形象的推广传播起着极其重要的作用。通过它们的持续"轰炸"，有利于在消费者心中留下持久一致的形象，对于产品形象深入人心有着积极的影响作用。需要注意的是，推广形象应体现产品的准确定位、突出产品的风格特点、强化产品的一致形象。

### （八）产品形象与功能形象保持一致

产品的形象始终是和产品的功能联系在一起的，产品的功能性是产品的核心要素。早期的功能主义设计就提出"形式准随功能"的口号，强调功能对形式的决定作用。形式为功能服务，力求体现形象、功能的一致性，也是产品语义学中的一个重要组成部分。保持产品形象与功能形象一致，有利于人们对产品形象的理解；在了解形象的同时理解功能，理解功能的同时深化形象。

### （九）产品的听觉形象与视觉形象保持一致

产品的听觉形象是对产品视觉形象的有益补充，听觉形象的引入必定也会强化人们对产品视觉形象的感知。保持产品的听觉形象与视觉形象一致，对消费者进一步理解产品、加深印象、塑造整体形象有着不可或缺的作用。

## 二、设计评价的系统与指标

### （一）评价系统

产品的形象设计服务于企业的整体形象设计，是以产品设计为核心，围绕着人们对产品的需求，为更大限度地适合人的个体与社会的需求而获得普遍的认同感、改变人们的生活方式、提高生活质量和水平而进行的，因此，对产品形象的设计和评价系统的研究具有十分重要的意义。评价系统复杂而变化多样，有许多不确定因素，特别是涉及人的感官因素等，包括人的生理和心理因素。

由产品形象内部因素与产品形象外部因素两大部分组成的测评平台，涉及从产品的设计研发、生产制造、生产管理到使用者的因素、市场因素以及社会因素等评价范围，以及由此产生的许多定性与量化的测试和测评点，从而能做出较为详细且具体的、有针对性的评价。产品从设计研发、生产制造、销售到使用，是由产品—商品—用品—废品的演化过程，涉及人、机、产品、社会、环境的各个层面与各种关系。因此，产品的形象设计必须解决好这种层面与关系，才能达到设计的目标与要求，才能称为"好"的产品形象（图6-82）。

从产品的概念可知，产品由核心产品、形式产品以及附加产品三部分组成。其中核心产品是指满足顾客需要的基本效用或效益的产品；形式产品指新产品的载体与外在表现，由商标、结构、性能、品质、包装等组成；附加产品则是由服务、安装、信贷条件、保证等组成。由于产品形象是顾客或公众对产品的印象与评价，因此是产品各种构成要素的综合反应。我们将综合产品形象分解为核心产品形象、形式产品形象以及附加产品形象三大部分，从而形成产品的综合形象空间。

而影响产品综合形象的产品要素即成为产品形象空间要素。产品形象空间要素可以根据核心产品、形式产品以及附加产品的构成再加以细分，从而形成产品形象空间要素的完整组合。对于不同类型的产品，其产品形象要素的作用是不同的。消费类产品形象要素主要是品牌、功能、式样等，但其他要素也不可忽视；生产资料类产品的形象要素主要是功能与品质。

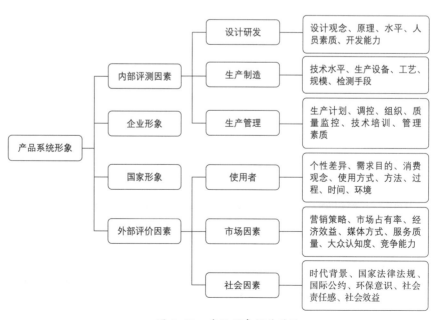

图 6-82　产品形象评价系统

### 1.综合产品形象系数描述

综合产品形象是多种要素的综合体现，可由产品综合形象系数 $a$ 表示，由三大部分的形象系数复合而成。

综合产品形象系数 $a$= 核心产品形象系数 $a_1$+ 形式产品形象系数 $a_2$+ 附加产品形象系数 $a_3$

其中综合产品形象系数 $a$：$o<a<1$，核心产品形象系数 $a_1$：$0<a_1<1$，形式产品系数 $a_2$：$0<a_2<1$，附加产品系数 $a_3$：$0<a_3<1$。

由于核心产品、形式产品与附加产品形象受多种形象要素影响，因此：

$a_1=f（t，a_1，a_2，a_3，\cdots\cdots）$，形象要素细化指标 $a=（a_1，a_2，a_3，\cdots\cdots）$

$a_2=f（t，b_1，b_2，b_3，\cdots\cdots）$，形象要素细化指标 $b=（b_1，b_2，b_3，\cdots\cdots）$

$a_3=f（t，c_1，c_2，c_3，\cdots\cdots）$，形象要素细化指标 $c=（c_1，c_2，c_3，\cdots\cdots）$

$f$ 为时间，$t$ 越长，形象系数越大。因此，$a=a_1\times a_2\times a_3=f\times h\times g$。

从产品综合形象系数可以看出，核心产品形象系数为0的产品，综合产品形象系数为0；形式产品形象系数为0的产品，综合产品形象系数为0；附加产品形象系数为0的产品，综合产品形象系数为0。

例如，对服装产品形象而言，$a_1$ 系数的大小表示了该服装御风寒、舒适的能力；$a_2$ 系数的大小表示了该服装品牌、知名度、式样、色彩、做工等综合状态；$a_3$ 系数的大小表示了该服装售前、售中、售后服务及保证等状况。若该服装不能御风寒，穿着不舒服，即 $a_1$ 为0，则其综合形象系数为0；若服装品牌商标较差、样式老化、做工粗糙，即 $a_2$ 为0，其综合系数也为0；若该服装服务差，顾客不满意，则 $a_3$ 为0，综合形象系数也为0。

对大多数日用消费品品牌来讲，核心产品相差不大，因而其综合形象的主要组成部分为形式产品形象，由品牌、式样、色彩、包装等形象要素组成。而家用电器产品综合形象要素的构成则较为全面，包括核心产品、形式产品形象要素中的品牌、结构、品质以及式样等。

### 2.综合产品形象系数定量化分析

由于产品形象是人们对产品的综合评价，因此，产品形象系数也应主要从顾客处获得。考虑到产品形象影响要素大多是定性因素，具有模糊性与不确定性，因此，我们采用顾客与专家评分的方法得到各个相关因素的评分，然后通过正则化处理，求得核心、形式、附加三大形象空间组成变量的形象系数 $a_1$，$a_2$，$a_3$。

$$综合形象系数 a = a_1 \times a_2 \times a_3$$

根据形象系数 $a_1$、$a_2$、$a_3$，我们可以做出产品形象空间的图形，如果将每个形象要素的评分值画到坐标图中，可清楚地看出该产品不同形象要素的分布状况与结构。

建立产品形象设计的评价系统，有利于科学地评价产品设计的优劣，规范产品设计中的行为，指导产品设计的发展方向，为产品设计提供科学的理论依据；便于产品的设计开发、生产与管理的规范化，避免在产品形象评价中产生许多不确切的评价因素，减少以往在评价中绝大部分的人为因素和评价模糊界定不清的状况。但在评价的方式上，始终要遵循定性与定量的评价原则，否则就会落入僵化的模式，严重地阻碍产品设计中的创新与个性化发展。

评价因素是随着人类自身发展而变化的，评价的方法与评价的内容亦会不断发生变化。评价系统是动态的，各测评、测试点是互动关联的。因此，评价最终的结果要以符合人的要求以及社会发展的需求为目标。

### （二）评价体系及指标

产品形象的评价体系是由内部评价体系和外部评价体系两大部分，包括6个方面的内容及36个评价点组成的。要达到技术性、经济性、社会性、审美性评价指标四大指标中所提出的各项测评点的目标，才能保证整个产品形象的规划、设计、开发、生产、营销、服务等流程有序地展开，形成鲜明的形象个性，并逐步接近企业形象的总体目标要求。

#### 1.产品形象的内部评价体系

（1）设计研发。包括设计观念、设计原理、设计水平、人员素质、开发能力。

（2）生产制造。包括技术水平、生产设备、生产工艺、检测手段、生产规模。

（3）生产管理。包括生产计划、生产组织、生产调控、质量监控、技术培训、管理素质。

#### 2.产品形象的外部评价体系

（1）使用者。包括个性差异、需求目的、消费观念、使用方式方法、使用过程、使用时间、使用环境等。

（2）市场因素。包括营销策略、市场占有率、经济效益、媒体方式、服务质量、大众认知度、竞争能力等。

（3）社会因素。包括时代背景、国家法律法规、国际公约、环保意识、社会责任感、社会效益等。

### 3.产品形象的评价指标

（1）技术性评价指标。包括可行性、先进性、工作性能指标、可靠性、安全性、宜人性技术指标、使用维护性、实用性等。

（2）经济性评价指标。包括成本、利润、投资、投资回收期、竞争潜力、市场前景等。

（3）社会性评价指标。包括社会效益、推动技术进步和发展生产力的情况、环境功能、资源利用、对人们生活方式的影响、对人们身心健康的影响等。

（4）审美性评价指标。包括造型风格、形态、色彩、时代性、创造性、传达性、审美价值、心理效果等。

一般而言，所有对设计的要求以及设计所要追求的目标都可以作为设计评价的评价目标测评点和测评依据。但为了提高评价效率，降低评价实施的成本和减轻工作量，没有必要将实际实施的评价目标列得过多。一般是选择最能反映方案水平和性能的、最重要的设计要求，作为评价目标的具体内容。显然，对于不同的设计对象和设计所处的不同阶段，以及对设计评价要求的不同，评价目标的内容的基本要求包括全面性和独立性。全面性是指尽量涉及技术、经济、社会性、审美性的多个方面；独立性是指各评价目标相对独立，内容明确、容易区分。

## 三、设计评价层次分析法

在产品形象统一评价指标体系中，统一评价方法的选择是一个较难的问题，因为产品形象统一的效果难以计算准确，产品形象的人为主观影响很多也难以把握，所以一般的形象评价方法难以适用。

使用层次分析的方法解决这一问题的优势在于可以将主观思维判断方便、合理地转化为客观定量的数据，将人们的主观判断用数量形式表达出来，并在此基础上做出各要素或方案的优劣分析。

### （一）层次分析法定义

层次分析法（AHP法）是一种综合了定量与定性分析，使人脑决策思维模型化的决策方法，专为解决复杂的系统决策。它将人们的主观判断用数量形式表达出来并进行处理，通过建立层次结构模型而建立两两判断矩阵，计算各方案的相对权重确定出优先次序。通过分析复杂问题所包含的因素及其相互关系，将问题分解为不同的要素，各要素归并为不同的层次，从而形成多层次结构。在每一层次按一准则对该层各元素进行逐个比较，建立判断矩阵，通过计算判断矩阵的最大特征值及对应的正交化特征向量得出该层要素对于该准则的权重，并在此基础上计算出各层次要素对于总体目标的组合权重，从而得出各要素或方案的权值，以区分各要素或方案的优劣。

利用层次分析法求解多目标决策问题，一般计算过程包括建立问题的递阶层次结构模型、构造两两比较判断矩阵、层次单排序、层次总排序四步。

### 1.建立问题的递阶层次结构模型

根据对问题的分析，在弄清问题范围、明确问题所含因素及相关关系的基础上，将问题所包含的因素，按照是否具有某些共性进行分组，并将其之间的共性看作系统中新层次的一个因素。而这类因素本身可与另一组特征组合，形成更高层次的因素，直到最后形成单一的最高层次的因素。这样就构成了由最高层、若干中间层和最低层组成的层次结构模型。

### 2.构造两两比较判断矩阵

在所建立的递阶层次结构模型中，除总目标层外，每一层都有多个元素组成，而同一层各个元素对上一层某一元素的影响程度也不同。这就要求判断某一层次的元素对上一级某一元素的影响程度，并将其量化。构造两两比较矩阵是判断与量化上述元素间影响程度大小的一种方法。假设C层圆度中Cs与下一层中的$P_1P_2\cdots P_5$元素有联系，两两比较P层所有元素对Cs上层元素的影响程度，将比较的结果以数字的形式写入矩阵表中即构成判断矩阵，如表6-3所示。

表6-3　判断矩阵

| $C_s$ | $P_1$ | $P_2$ | ... | $P_n$ |
|:---:|:---:|:---:|:---:|:---:|
| $P_1$ | $a_{11}$ | $a_{12}$ | | $a_1^n$ |
| $P_2$ | $a_{21}$ | $a_{22}$ | ... | $a_2^n$ |
| ... | ... | ... | | ... |
| $P_n$ | $a_n^1$ | $a_n^2$ | | $a_n^n$ |

如表6-4所示，元素aij表示对于元素Cs，Pi比Pj相对重要程度的标度，即两两比较的比率的赋值。运用模糊数学理论，可集人们判别实好坏、优劣、轻重、缓急的经验方法，提出一种1~9标度法，对不同情况的比较结果给予数量标度，解决了将思维判断定量化的问题。

表6-4 1~9标度法

| 标度aij | 定义 | 解释 |
| --- | --- | --- |
| 1 | 同等重要 | 1元素与j元素同等重要 |
| 3 | 略微重要 | 1元素与j元素略微重要 |
| 5 | 明显重要 | 1元素与j元素明显重要 |
| 7 | 强烈重要 | 1元素与j元素强烈重要 |
| 9 | 极端重要 | 1元素与j元素极端重要 |
| 2，4，6，8 | 上述两相邻判断的中值 | 为以上两判断之间的折中定量标准 |
| 上述各数的倒数 | 反比较 | 为元素j比i元素的重要标度 |

任何一个递阶层次结构，均可以构建若干个判断矩阵，其数目是该递阶层次结构图中除最低层以外所有各层的元素之和。

### 3.层次单排序

判断矩阵是针对上一层次而言进行两两比较的评定数据，层次单排序就是将本层阶有元素对相邻上一层某一元素来说排除一个屏蔽的优先次序，即求判断矩阵的特征向量。根据判断矩阵进行层次单排序的方法，主要有求和法、和积法、方根法、特征向量法等几种。这几种排序的方法，其计算复杂程度以及计算结果的精确性是依次增加。一般在层次分析法中，计算判断矩阵的最大特征值及特征向量并不需要很高的精度，使用和积法、方根法等近似计算方法即可。

### 4.层次总排序

利用层次单排序的计算结果，进一步综合计算出对更上一层（或总目标层）的优化次序就是层次总排序。这一过程是由最高层次到最低层次逐层进行的。

### （二）递阶层次分析模型

根据对产品形象统一问题的分析，建立递阶层次分析模型。由于产品形象评价系统是一个复杂而变化多样的构成体系，该模型只是列出了一些主要的评价指标作为范例模型进行研究，实际的产品形象评价系统远比此复杂得多（图6-83）。

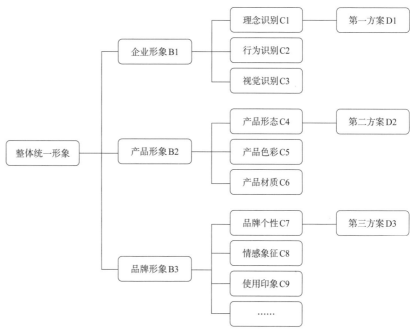

图 6-83　产品形象评价系统的递阶层析分析模型

### （三）指标定性定量分析

在产品设计的开始，首先必须确定总的功能目标，并将之进一步分解为各子因素目标，如产品形象、企业形象、品牌形象等。

根据产品形象统一评价系统的递阶层次分析模型，通过判断同一层次的元素对上一级某一元素的影响程度，采取模糊评价方法，比较下层所有元素对上层元素的影响程度，如产品形象对于塑造产品整体统一形象的影响与企业形象对于塑造产品整体统一形象的影响相比是同等重要、略显重要、明显重要……对照标度法表格中 1～9 标度，选择合适的标度值填入判断矩阵，判断矩阵的对角线方位则填入其倒数值。接着使用同样的判断方法继续比较产品形象与品牌形象对产品整体统一形象的影响程度，得出标度值填入判断矩阵，依此类推，最终可构造出一个 3×3 阶的判断矩阵。再利用和积法、方根法等近似计算判断矩阵最大特征值及特征向量。由于指标间相对重要性及下级指标对上级指标直至总目标的"贡献"程度不同，即各评价标准之间重要性是不一样的，因此各标准对产品综合形象的重要性也不同。所以利用层次分析法可以很方便地确定出产品形象、品牌形象、企业形象在区域整体形象评价指标体系中每个指标因素的相对权重，即谁对产品整体形象的统一贡献最大，它们在产品整体形象中所占的相对权重各是多少。

当该层各元素全部进行逐对比较后，层次分析移动到下一层。比较第三层各因素对第二层因素的影响程度，如产品形态与产品色彩对产品形象塑造影响程度、产品形态与产品材质对产品形象塑造影响程度等，依此类推，又可得出一个判断矩阵，通过对判断矩阵的最大特征值及对应的正变化特征向量计算得出一组权重关系。利用同样的方法，通过企业形象、品牌形象与它们下一层因素之间关系的比较分析，又可得出两 $A_i$ 判断矩阵，计算其权重关系。最后在前面计算的基础上，通过层次总排序进而计算出各层次要素对于总体目标的组合权重，从而得出各要素或方案的权值，以此区分各要素或方案的优劣。如哪个方案对塑造产品整体形象统一的贡献最大，设计师在设计时最应该关注哪些因素，设计时考虑因素的优先次序等。

## 思考与练习

1.根据本章内容产品风格化塑造过程的相关环节与部分，各部分与环节相互关联与影响，思考各环节之间的联系与关系。

2.产品风格化塑造过程所关联的环节，已远超出传统产品设计、工业设计专业内容范畴，请思考产品设计的个体成功，是否会直接促成产品销售的成功与品牌形象的塑造？原因是什么？

3.请为自己以往的产品设计重新进行风格化建构。

4.请运用本章"第八节 产品形象的设计评价"内容，选取一个市场销售产品为评价目标，尝试进行设计评价工作。

# 第七章
# 产品风格化设计案例

# 第一节

# 知名品牌案例

## 一、"苹果"（Apple）品牌

有研究表明：产品的外形设计的美学因素是决定消费者购买及满意度的重要因素，消费者的购买决定多达60%取决于外形而不是性能。产品优异的外观设计、优秀的用户体验及良好的交互体验等多种因素，影响着人们的购买决策，而这些都离不开专业化的产品设计。苹果迭代产品在技术上几乎没有太大的技术飞跃，但是其独特的外观和优秀的交互体验已经成了时尚的代名词，销售的已经不是功能，而是设计与品牌，从商业角度来讲已经获得了巨大的成功。

Apple品牌产品简洁的造型与整体设计呈现了典型的现代主义风格。如图7-1所示，自iPhone至iPhone13，苹果手机，机身整体造型、材质、Home键、音量键、静音键、图标等都是苹果品牌系列的设计风格化元素，尽管它一直在更新换代，但是产品一直保持着设计风格的持恒性，使消费者一眼就能区分出苹果手机。比例控制良好的矩形基础形态及恰到好处的圆角，是苹果产品风格给人的大致印象。实际上苹果产品一直在变化，以下梳理一下苹果产品风格化设计的进化历程。

图 7-1　iPhone8

### （一）自由主义时期

代表产品：iMac G3、iBook G3。

设计特点：自由的曲线、伸展的线条，大量采用半圆弧。舒展、自由、连续的曲线搭配绚丽的色彩，给人以饱满、亲和的感觉，形成产品热情、张扬的外向型形象气质（图7-2、图7-3）。

图 7-2　iMac G3　　　　　　　　　图 7-3　iBook G3

1998年之前，苹果的产品在设计上循规蹈矩、与其他PC厂商的产品差别不大，延续保持了从青蛙设计时期留下的一些设计元素，例如"雪白""装饰凹槽"（1982～1988年）到后期PowerBook系列产品中圆弧线条的成熟设计。

iMac G3的发布开启了苹果产品的新篇章，也标志着苹果设计的新时代，从此Apple焕然一新，个人计算机的设计也出现了新的历程，iMac G3的彩色半透明风格一直延续到21世纪。iMac G3不再将曲线作为一种修饰的服务配角，曲线的特征饱满而尽情挥洒。无论从正面、侧面还是上方，都可以看到舒展而饱满的线条。如扬声器、背部的提手以及接线区都是对半圆弧的使用。iMac G3的设计风格延续至1999年推出的iBook G3以及Power Mac G4设计中。舒展的完整圆弧、饱满的曲线给人亲切感以及生命力的感觉。在当时，个人计算机还没有完全脱离精密仪器的形象，而Apple打破了这个界限，也使Apple的产品与时尚结合起来，这一影响一直作用到现在。

### （二）后自由主义时期

代表产品：iMac G4、iBook G4、iMac G5、iMac Core、Duo MacBook Pro。

设计特点：过渡、收缩、有限制的放纵、内向型、高品质、科技。

该阶段Apple的产品在一定程度上摒弃了自由主义阶段产品过于放纵、外向型的设计元素，转而采用有限制的、内向型的曲线形态。产品逐渐具有理性的特质，但仍然可以看到其内在的遗传性。

2000年推出的Power Mac G4 Cube（简称G4 Cube）是形态边长7英寸立方体的产品，其设计对日后影响很大（图7-4）。透明已经是此时Apple的产品风格，在Cube的顶面是继承自iMac G3的半圆弧。Cube造型四周棱线采用圆弧过渡，结合简洁的形状，已由原来的大圆弧，开始收缩为由更多的直线构成的形态，原有的自由曲线过渡为基本曲线，逐渐趋于理性，成为Apple的重要形态。此时，产品的四角开始出现规则的圆弧过渡，产品的边缘形成了规整、平滑的高光效果，时尚感与科技感十足，同时也彰显出苹果公司对细节的追求；但多少会有模拟时代感的意味。材质与纯色的处理也体现了苹果公司对于高品位的探求（图7-5～图7-7）。

图 7-4　Power Mac G4 Cube

图 7-5　Power Mac G4

图 7-6　iBook G4

图 7-7　iMac G5

### （三）理性主义时期

代表作品：MacBook、MacBook Air、MacBook Pro、iMac。

设计特点：刚柔并济、理性的自由曲线、锐利、轻薄。

这个阶段的产品不仅有四角圆弧过渡，而且四周也出现了曲面过渡、侧面造型的曲线过渡，感觉更加平缓自然（图7-8、图7-9）。

图 7-8　iMac

图 7-9　MacBook Air

产品呈现出圆弧过渡与曲线过渡，比之前规则的圆弧过渡的形态更加典雅、亲切、精致，在突出铝材特征的同时，也减少了视觉上的厚度；采用规则的圆弧过渡产品会产生些许模拟时代的感觉，略显造作和过于硬朗；而圆弧过渡加曲面过渡的产品弥补了这一缺点，更加具有品味感，彰显出一种略带柔和的张力。

## 二、"B&O"（Bang & Olufsen）品牌

最早体现出 Bang & Olufsen 特定风格的产品是 1967 年由著名设计师 Jacob Jensen 设计的 Beolab5000 立体声收音机，如图 7-10 所示。Bang & Olufsen 公司给 Jensen 的设计任务书要求他"创造一种欧洲的 Hi-fi 模式，能传达出强劲、精密和识别特征"。Jensen 创造性地设计了一种全新的线性调谐面板，其精致、简练的设计语言和方便、直观的操作方式确立了 Bang & Olufsen 经典的设计风格，并广泛体现在其后的一系列产品设计之中。Jensen 在谈到自己的设计时说："设计是一种语言，它能为任何人所理解。"

图 7-10　Beolab5000

对 Bang & Olufsen 而言，设计不是一个美学问题，而是一种有效的媒介。通过这种媒介，产品就能将自身的理念、内涵和功能表达出来。因此，基本性和简洁性应是产品设计的两个非常重要的原则。产品的操作必须限制在基本功能的范围内，去掉一切不必要的装饰。密斯·凡德罗的"少就是多"的法则在 Bang & Olufsen 设计中得到了充分的体现，其目的是使用户与产品之间建立起最简单、最直接的联系。

为了保持 B&O 公司独特的个性，创造统一的产品形象，公司在设计管理方面做出了很大的努力，并卓见成效。出于多方面的考虑，公司并没有自己的专业设计部门，而是通过精心的设计管理来使用自由设计师，形成公司自己的设计特色。尽管公司的产品种类繁多，并且出于不同设计师之手，但都具有 B & O 的风格，这就是设计管理的成

功之处。

B&O公司的设计队伍是国际性的，因为公司本身就是国际性的，85%以上的产品供出口。公司与本国及英国、美国、法国等国家的多名设计师建立了稳定的业务关系，有的设计师与公司合作多年，比大多数员工在公司的工龄还长，它们为公司积累了极有价值的经验，并创造了设计的连续性。

B&O公司的设计管理负责人J.巴尔苏是欧洲设计管理方面的知名人士，他在谈到自己的工作时说："设计管理就是选择适当的设计师，协调他们的工作，并使设计工作与产品和市场政策一致。"他们认为如果B&O公司没有明确的产品、设计和市场三个方面的政策，公司就无法对这些居住分散、各自独立的自由设计师进行有效的管理，也就谈不上B&O的设计风格。为此，公司在20世纪60年代末就制定了七项设计基本原则。

## （一）七项设计基本原则

### 1.逼真性

真实地还原声音和画面，使人有身临其境之感。

### 2.易明性

综合考虑产品功能、操作模式和材料使用这三个方面，使设计本身成为一种自我表达的语言，从而在产品设计师与用户之间建立交流。

### 3.可靠性

在产品、销售以及其他活动方面建立起信誉，产品说明书应尽可能详尽、完整。

### 4.家庭性

技术是为了造福人类，产品应尽可能与居家环境协调，使人感到亲近。

### 5.精炼性

电子产品没有天赋形态，设计必须尊重人机关系，操作应简便。设计是时代的表现，而不是目光短浅的时髦。

### 6.个性

B&O的产品应是小批量、多样化的，以满足消费者对个性的要求。

### 7.创造性

作为一家中型企业，B&O不可能进行电子学领域的基础研究，但可以利用最新的技术，并将它与创新性和革命精神结合起来。

七项原则中并没有关于产品外观的具体规定，但是建立了一种一致性的设计思维方式和评价设计的标准，使不同设计师的新产品设计都体现出相同的特色。另外，公司在材料、表面工艺以及色彩、质感处理上都有自己的传统。这就确保了设计在外观上的连续性，形成了简洁、高雅的B&O风格。

### （二）B&O 产品形象特点

（1）质量优异、造型高雅、操作方便并始终沿袭公司一贯的硬边特色。

（2）精致、简练的设计语言和方便、直观的操作方式，风格独特，与众不同。

（3）贵族气质，简洁、高雅的B&O风格。

（4）以简洁、创新、梦幻称雄于世界。

（5）体现一种对品质、高技术、高情趣的追求。

（6）简约风格、经久耐用、简易操作，而且力求使产品与居住环境艺术相融合。

（7）拥有全球最具创意的设计，融合了顶尖的技术成果。

马丁·林斯特龙在《感官品牌》一书中分析全球顶级品牌成功的共性：它们大多运用了感官品牌的营销手段，创造出全新的"五维"感官世界，从视觉、听觉、味觉、触觉和感觉方面，让顾客对品牌保持忠诚度。在他看来，出众的外观或其他感官体验对产品的内在高品质能起到强烈的暗示作用。所以聪明的企业会有意识地强化用户的感官体验，这也就是为什么B&O会如此强化设计的地位，甚至因此被人们称作"视觉企业"。它的品牌描述如是陈述："设计是我们所做一切的核心工艺。我们通过设计讲述创意、产品和品牌的故事。"

于是，这个音响产业里的"视觉系"公司，在产品材质上用铝材来替代木材，让人们能直观地认识到它的"铝表面处理技术"；圆锥形的扬声器和它厚重的底座，与减少地板和天花板回音，实现360°均匀散播的"声学透镜技术"联系了起来，消费者还没听到声音，从外观上就能感知到音响器材的独特。

在触觉设计上，B&O同样十分精心。B&O的遥控器有意做得沉重而结实，非常有手感。这种有意营造的"庄重感"也延伸到了B&O的所有产品线中，从电话到话筒，甚至一般追求轻盈的耳机产品之上。对消费者"心理声学"的研究让B&O深知，视觉和触觉等感官体验一样也能影响听觉体验。

在 B&O，一款产品从选题开始，经由设计、研发、选材、制作、影音测试、耐久性测试等工序，前后需要的时间短则一年，长则三四年。通常由设计师提出概念，对颜色外形、用户舒适度、科技可行性、潮流走向进行选择，直至模型确定。为了尊重设计师的创作自由和艺术尺度，管理层对设计模型没有修改的权利，只能选择接受或否认，只有设计师才有权利对模型做出修改。正是这种开明的合作方式吸引了许多艺术家、设计师，设计师不用受到公司内部规定的限制，更能从外界吸收最新鲜的灵感、视野和设计理念。

## （三）B&O产品形象

运用独有的视觉语言，B&O成为第一个发掘"由设计主导的家庭娱乐设备"高端市场的企业。1968年，B&O提出的广告词"为那些考虑品味和质量先于价格的人"将产品作为一种生活方式来营销，瞄准一群人数不多但更国际化的目标消费群体。他们受过良好的教育，有舒适的房子和汽车，既有品位又有自我激励的生活态度。在宽屏电视成为时尚潮流之前，他们就愿意为获得高质量的音频和视频设备付出更多的金钱，这种定位至今也没有变化。

在B&O独占顶级音响市场长达40多年之后的20世纪80年代，西班牙罗威、美国Bose音响、日本中道公司Nakamichi纷纷宣布进军高端影音市场。

彼时，两大家族掌控下的B&O正面临史上最严重的生存危机。只注重贵族式品味，无视消费群体的傲慢，使产品与市场严重脱节。尤其是产品存放在仓库中，造成物流效率低，许多顾客难以忍受长时间的等待，转而购买其他品牌。这场跨度近十年的危机，其程度之深一度令外界以为这家老牌公司将从国际工业设计舞台上消失。

1991年7月，公司旧有的管理层被一个新的、富有野心的管理团队所取代。克努森担任CEO之后，及时采取有力的改革举措"爆破点计划"。他们展开一次激进的公司重组，重新挖掘了"系统集成"的产品优势。"从产品、顾客体验、销售到竞争，每一步都要设定标准。在营销、销售、物流的各个环节，我们都需要知道标准在哪里、差距在哪里，然后去弥补差距。"麦若浦说，这是从失败中学到的重要一课。

他们不再以开设更多店铺的方式获取销售业绩的增长，而是展开精耕细作。1994年，从澳大利亚分销渠道开始，传统的多品牌展厅逐渐为单一品牌店所代替，店面成为品牌形象的一部分。尤其是对一线销售人员的"投资"，除了入职前的筛选和培训，还要有好的着装品位和销售风格。经销商专门为一线销售人员订阅该国权威的商业杂志，要求他们熟读商业话题，并能与顾客自如交谈。销售员不仅要识别出个性化的消费需求，还要善于阐释，将"需求"变成经过剪裁的、智慧的建议。

许多顾客被展厅简洁的设计风格所吸引，他们缠住销售人员，想要知道把复杂的电线隐藏起来的技巧；或者他们被店铺陈列用到的某个小配件吸引了，想要照搬照抄到自己的家中。这些方法，为一线销售人员更好地收集顾客数据提供了条件。最终，它定位于四类目标消费群：正在成长的青少年、组建家庭的年轻夫妇、富裕家庭和灰发群体（年龄大于五十岁）。公司负责市场推广的人员认为，这样分类并不是为了将顾客标签化，只是为了让经销商更好地理解不同顾客的需求。

沿着这个思路，B&O适应迅速变化的时代需求，从原有的三大核心业务扬声器、电视机、播放机扩展至车载音响和数码产品，完整地覆盖了一个人从家庭到路上、从视觉到听觉的影音生活。以下将选取B&O几个代表性作品作简要分析。

### 1.BeoSound 8

图7-11　BeoSound 8

2011年5月在中国上市的新款耳机、专为苹果产品设计的音箱底座，标志着B&O实现了从核心用户向消费用户的过渡，专为苹果设计的音箱底座BeoSound 8是一款"入门级产品"（图7-11）。引人注目的圆锥形喇叭专为出众音质的呈现而生，震撼的低音和自然发散的高音在强大系统的支持下此起彼伏，在天衣无缝的融合中缓缓流淌。即使在处处裹得严严实实的冬日，BeoSound 8也能轻松满足消费者对于升级的追求。除了以往简约的白色和黑色外，可更换的扬声器前罩新增一系列醒目选择，包括红色、银色、黄色和橙色，随性搭配你的心情与居家环境，为生活增添一抹亮色的同时，更可与爱人坐享清丽音符穿透心底，化作绕指温柔。

Beosound 8成功吸引了苹果粉丝、青少年和白领阶层。自2010年1月上市以来，备受瞩目，成为这个品牌"史上最畅销的音响产品"。它颠覆性的设计，在赢得艺术品的赞叹之外，也证明了老品牌适应新时代的能力。

### 2.Form 2

当你与Form 2同时出现在节日熙攘的街头，恐怕周边的目光都将带上惊羡与赞叹，没有人会知道你是如何沉浸在它所营造的纯美音境中。2011年，B&O为其最具标志性的头戴式耳机Form 2赋予了全新生命力，令其仿佛凤凰涅槃、浴火重生（图7-12）。优雅简约、大气夺目的 Form 2 拥有轻巧环绕耳边的经典设计，作为纽约现代艺术博物馆的永久藏品，历经时光磨炼，当之无愧。Form 2 配备能量强劲的内置驱动，令你在它的带领之下领略优质音色，瞬间从隆冬的寒冷进入栩栩如生的温暖自然之中。厚重的低音和精准的高音为你营造出梦幻般的音乐体验。为庆贺它诞生 25 周年，经过复刻的 Form 2 以四种配色崭新登场：红色、橙色、黄色和白色，足以成为让自己融入节日氛围的不二之选。

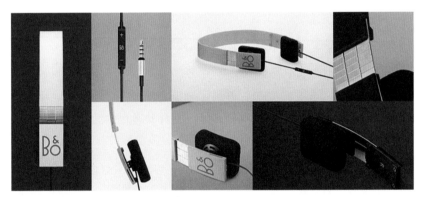

图 7-12　Form 2

### 3.BeoCom 2

BeoCom 2 的与众不同已成为它的标志，流畅的弧线形设计让人一握难忘，恐怕世界上没有哪种包装能掩盖得了它的特立独行（图 7-13）。修长纤细的机身以单片铝材制成，在任何居室中出现，都将立刻赋予空间一丝天马行空的设计感。这款产品有六种颜色可供选择，包括红色、绿色和金色等。温暖的色彩将令你如沐春风，更为聆听你话语的人带去关怀的感动。

图 7-13　BeoCom 2

### 4.EarSet 3i

如图 7-14 所示，B&O 全新改良升级的 EarSet 3i 与苹果产品再次以无须手持的解决方案实现完美的融合，简洁独特的设计令人过目不忘，更具备水晶般清澈的音质表现与舒畅逸致的设计。奔波于繁忙日程中的你终于可以借节日的休憩，为远方的挚友送去贴心的祝福与问候。不必担心周围的喧闹会打扰你们久违的对话，B&O 的 EarSet 3i 专为清除背景杂音而设计，不会使你错过电话那头的只言片语，只需轻触位于耳机线上的一键式整合开关，便能从 iTunes 的播放列表不露痕迹地转换到与知己的畅谈中，而你的手机仍然安静地躺在你的衣袋里。人性化的设计使 EarSet 3i 时刻贴服于你的双耳，无论在世界的哪个角落，

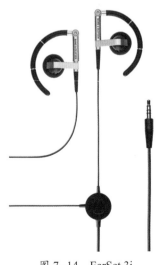

图 7-14　EarSet 3i

都能与好友无障碍沟通，宛若咫尺，共享一刻美妙时光。

### 5.BeoPlay A9

BeoPlay A9扬声器由丹麦设计师操刀设计，配备AirPlay及DLNA连接，内置房间适应功能，能够根据系统在房中的位置来完美调节声音（图7-15）。凭借独特造型、优雅外观与出众音效，A9赢得了最具声誉的"iF产品设计大奖"，并在国际消费电子展（CES）上获得最佳创新奖等。

图 7-15　BeoPlay A9

### 6.BeoLab 18

BeoLab 18扬声器是基于BeolLab 8000标志性铅笔状扬声器发展而成的（图7-16）。充满线条之美的BeoLab 18扬声器，由二十张胡桃木薄片环状包裹机身，配备了全新的组件数字声音引擎，加载了B&O新型无线扬声器技术，经典与现代并重的北欧硬木等部件构成了令人赞叹的精雕细琢外观。

今天，B&O在全球拥有超过50万名的用户，这个庞大群体的共同点是音乐或电视机在他们的生活中占据一个重要角色，他们大多对文化感兴趣，通常拥有更多的电视频道，却只收看很少的电视节目。

图 7-16　BeoLab 18

B&O正在思考的就是如何将这些信息结构化——变成一种更好的、了解现有顾客群体的工具。他们认为一旦对消费者了解到一定程度，每一家经销商都将从中受益。无论如何，再高品质的产品也只有通过让消费者真正能感受和体验到才能建立永久、美好的产品形象。

# 第二节
# 项目设计案例

## 一、激光电视设计案例

作为市场同类视听品类的高端产品代表，如何打造符合其市场定位的高认知度及高辨识度的产品，重点在于产品的设计定位、策略以及以其品牌形象为基础的产品风格化设计工作。以为初创品牌"云映"设计打造的首代激光电视产品为例。

### （一）调研分析

激光电视是通过激光投影机和特殊的金属幕布来实现影像功能的高端影视产品。因为幕布材质比较特殊，能够有效摒除激光投影机以外的光源，所以在亮度较高的环境下也能不受外界光线影响，展现很好的画面效果（图7-17）。

#### 1.人群定位分析

基于激光电视市场定位以及高技术、高价值的产品特征，收集和分析对"激光电视"感兴趣的消费者基本信息以及他们对产品外观设

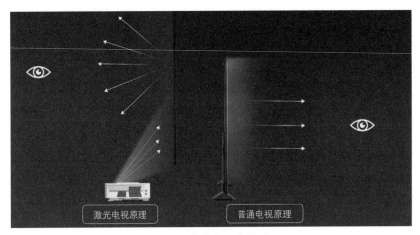

图 7-17　激光电视成像原理

计的偏好，建立目标人群模型（图7-18）。通过调研发现，大部分用户选择在品牌直营店和网上购买，在挑选激光电视质量的同时注重外观设计的用户占60%左右；一部分用户更倾向于家居感和现代感强的设计风格，偏爱几何形体的家居产品；在材料与色彩方面，更多人选择磨砂质感和黑、白、灰色调（图7-19）。

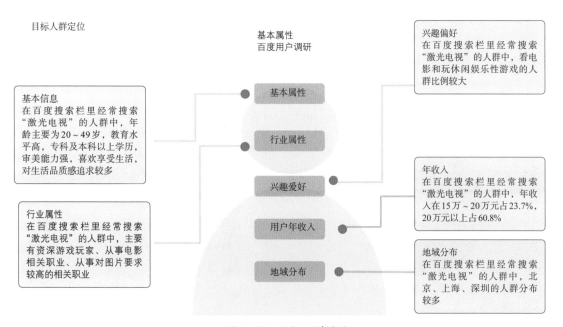

图 7-18　目标人群模型

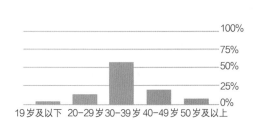

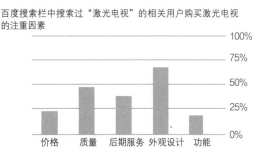

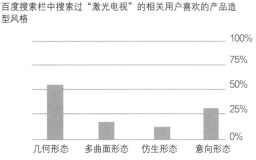

图 7-19

百度搜索栏中搜索过"激光电视"的相关用户的性别比例

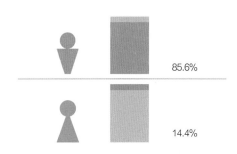

85.6%

14.4%

百度搜索栏中搜索过"激光电视"的相关用户的教育程度

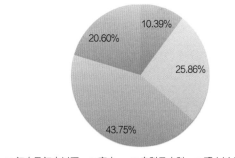

10.39%

20.60%

25.86%

43.75%

■ 初中及初中以下　■ 高中　■ 专科及本科　■ 硕士以上

百度搜索栏中搜索过"激光电视"的相关用户喜欢什么样的设计风格

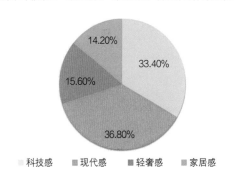

14.20%

33.40%

15.60%

36.80%

□ 科技感　■ 现代感　■ 轻奢感　■ 家居感

百度搜索栏中搜索过"激光电视"的相关用户喜颜色搭配

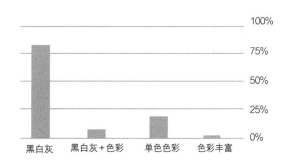

黑白灰　　黑白灰+色彩　　单色色彩　　色彩丰富

百度搜索栏中搜索过"激光电视"的相关用户的兴趣爱好

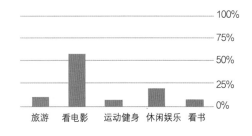

旅游　　看电影　　运动健身　　休闲娱乐　　看书

百度搜索栏中搜索过"激光电视"的相关用户偏好的材质

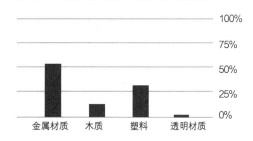

金属材质　　木质　　塑料　　透明材质

百度搜索栏中搜索过"激光电视"的相关用户的年收入

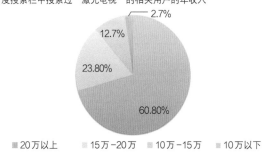

2.7%

12.7%

23.80%

60.80%

■ 20万以上　□ 15万-20万　□ 10万-15万　■ 10万以下

百度搜索栏中搜索过"激光电视"的相关用户的购买渠道

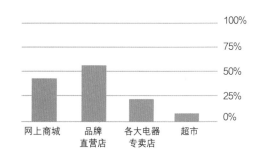

网上商城　　品牌直营店　　各大电器专卖店　　超市

百度搜索栏中搜索过"激光电视"的相关用户偏好的表面工艺

调研小结
① 购买渠道有大部分用户选择在品牌直营店和网上购买
② 客户在挑选激光电视质量的同时注重外观设计用户占67.3%
③ 有33.4%和36.8%的用户更倾向于家居感和现代感强的设计风格
④ 有52.8%的用户喜欢几何形体的家居产品，有28.1%的用户喜欢意形体的
⑤ 偏向于黑白灰的颜色搭配的用户占80.7%
⑥ 材料和工艺偏向于金属和有质感的磨砂效果的用户占52.7%

图 7-19 产品调研分析

### 2.使用环境定位分析

在家居环境中，产品处于辅助色调的地位，具有点缀整个家居环境的作用，产品的配色不仅要融入整个大的家居环境中，还要作为家居环境中一个精致的点，来衬托整个居住环境的品质，所以产品的配色不宜太过明艳，应以大面积黑白灰为主色调，以其他少量颜色为辅助色（图7-20）。

图 7-20 家居环境调研

另外，产品造型是整个居住环境的装修造型的连贯线，它起到连接的作用，产品造型应该简洁自然，不易太过复杂，否则会影响各种家居环境中物品层次感的连接，产品的造型语义应表现出功能化、自然化、人性化、艺术化。综合调研分析产品使用空间尺寸，设计的激光电视的尺寸应是长45~49.5cm，宽≤40cm，高10~12.5cm（图7-21）。

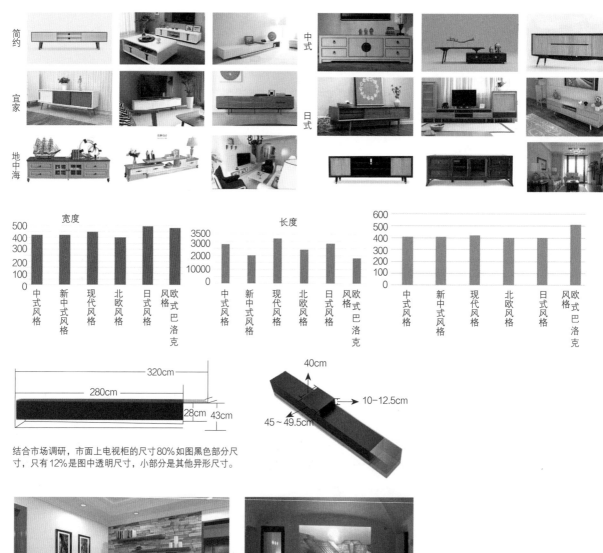

结合市场调研，市面上电视柜的尺寸80%如图黑色部分尺寸，只有12%是图中透明尺寸，小部分是其他异形尺寸。

小型客厅：空间较小，但有明朗的电视观影空间，重色调沉稳大气，亮色调简洁跳跃。

卧室：空间一般较随意，家庭氛围比较浓，观影形式随意，产品造型活跃。

图7-21 产品使用环境尺度

### 3.高档产品调研分析

激光电视由于受到技术、成本等多方面影响，售价远远高于传统电视。同时，新技术产品消费者并没有产生充分价值认知。因此，需要运用产品风格化设计手段塑造激光电视高档产品的面貌与定位。通过针对高档视听类产品色彩、造型、材质以及工艺四个方面综合调研分析，确定产品设计风格（图7-22~图7-25）。

### 4.竞品分析

激光电视与激光投影仪或电视不一样，应对当前市场上竞品激光电视的营销模式、销售价格、机体外壳材质、色彩等方面，进行全面整理分析（图7-26）。

图7-22　颜色分析

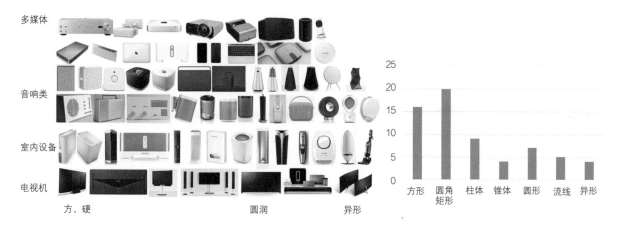

图7-23　造型分析

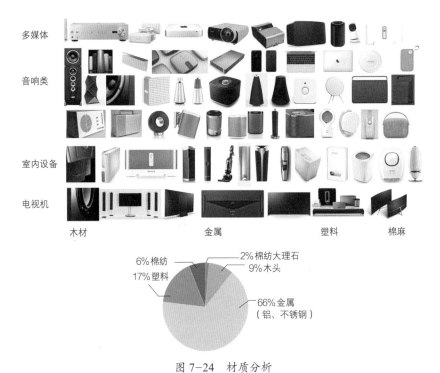

图 7-24　材质分析

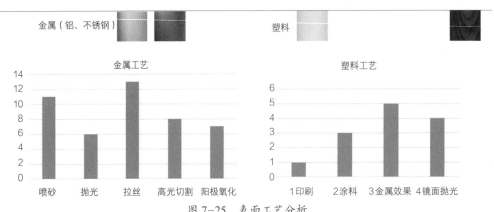

图 7-25　表面工艺分析

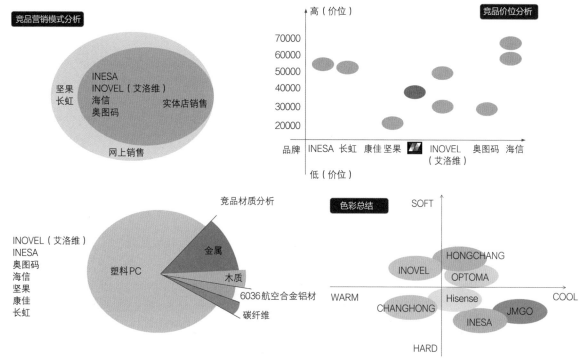

图 7-26　竞品分析

5.调研分析小结

（1）购买渠道有大部分用户选择在品牌直营店和网上购买。

（2）用户在挑选激光电视质量的同时注重外观设计用户占67.3%。

（3）有33.4%和36.8%的用户更倾向于家居感和现代感强的设计风格。

（4）有52.8%的用户喜欢几何形体的家居产品，有28.1%的用户喜欢意象形体的家居产品。

（5）偏向于黑、白、灰颜色搭配的用户占80.7%。

（6）材质和工艺偏向于金属和有质感的磨砂效果的用户占52.7%。

## （二）设计定位

激光电视造型设计应富有内涵和美感。造型不仅要表现出科技感，更要凸显品质和品位。应通过产品体积视觉效果达到小、巧、精、雅，实现独特、科技、健康、家庭、品质、品味的产品定位。机体色彩应该是高贵、现代的格调色彩设计，色相可丰富但明度不宜过高。材质上，机身材料可用特殊材料，表现出科技、质感和高贵。功能上，除了保证画面高分辨率之外，音色应达到上等，可增加如散热快、方便移动、自动调节适应亮度等产品增值功能。

"云映"品牌形象标志是由多个三角形所组成的纺锤状图形可以已有品牌标志形象为基础，作为形象元素之一，展开产品风格化设计工作（图7-27）。

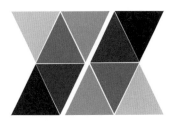

图 7-27　品牌标志形象

### （三）设计构思

根据前期调研分析成果以及设计定位目标，设计多款系列产品提案（图7-28、图7-29）。

度

度：态度，是这款设计的初衷，也是企业想表达给用户的第一印象。做个有态度的产品人，做有态度的激光电视。

设计说明：机身整体呈月牙形，由多个正圆切出阶梯状，使机身在视觉上显小。投影镜头位于两个面的斜角内，整体而不缺细节。顶部的斜面可做条纹状的纹理效果，加强产品的质感。排风口在机身的尾部和底部，可集中散热，且不影响美观。金属银白色半包裹着黑色的机芯，低调、沉稳、简单大方，尽显产品的品质感。

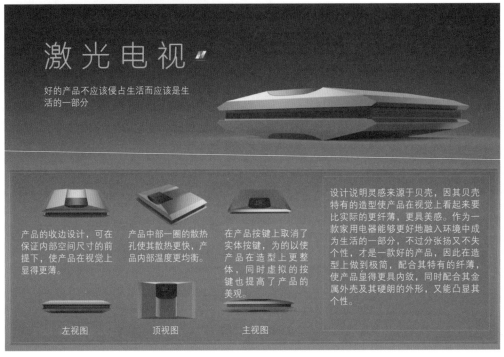

激光电视

好的产品不应该侵占生活而应该是生活的一部分

产品的收边设计，可在保证内部空间尺寸的前提下，使产品在视觉上显得更薄。

产品中部一圈的散热孔使其散热更快，产品内部温度更均衡。

在产品按键上取消了实体按键，为的以使产品在造型上更整体，同时虚拟的按键也提高了产品的美观。

设计说明灵感来源于贝壳，因其贝壳特有的造型使产品在视觉上看起来要比实际的更纤薄，更具美感。作为一款家用电器能够更好地融入环境中成为生活的一部分，不过分张扬又不失个性，才是一款好的产品，因此在造型上做到极简，配合其特有的纤薄，使产品显得更具内敛，同时配合其金属外壳及其硬朗的外形，又能凸显其个性。

左视图　　　　顶视图　　　　主视图

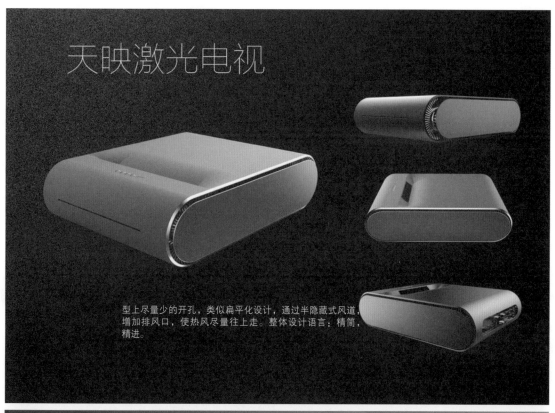

天映激光电视

型上尽量少的开孔，类似扁平化设计，通过半隐藏式风道，增加排风口，使热风尽量往上走。整体设计语言：精简，精进。

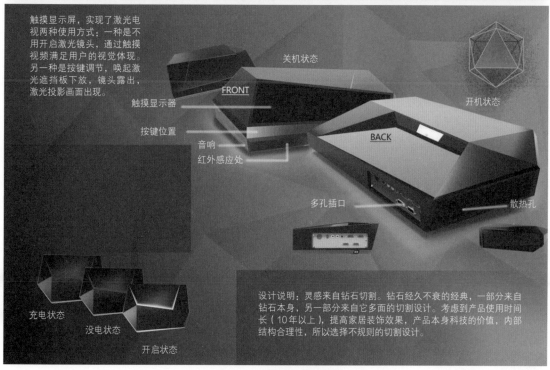

触摸显示屏，实现了激光电视两种使用方式：一种是不用开启激光镜头，通过触摸视频满足用户的视觉体现。另一种是按键调节，唤起激光遮挡板下放，镜头露出，激光投影画面出现。

关机状态

开机状态

FRONT

触摸显示器

按键位置

音响

红外感应处

BACK

多孔插口

散热孔

充电状态

没电状态

开启状态

设计说明：灵感来自钻石切割。钻石经久不衰的经典，一部分来自钻石本身，另一部分来自它多面的切割设计。考虑到产品使用时间长（10年以上），提高家居装饰效果，产品本身科技的价值，内部结构合理性，所以选择不规则的切割设计。

图 7-28 设计提案

# 巢

天映激光电视

**设计说明:**"巢"的灵感来源于鸟巢的设计,环绕的曲线包裹着内部的箱体,鸟巢代表着家庭、温馨和呵护,整体的曲线设计和圆润的造型更好地体现出家居感和亲和力。

侧面和背部的散热孔形成一个风道散热系统,给机器提供足够的散热空间,减少风扇噪声。

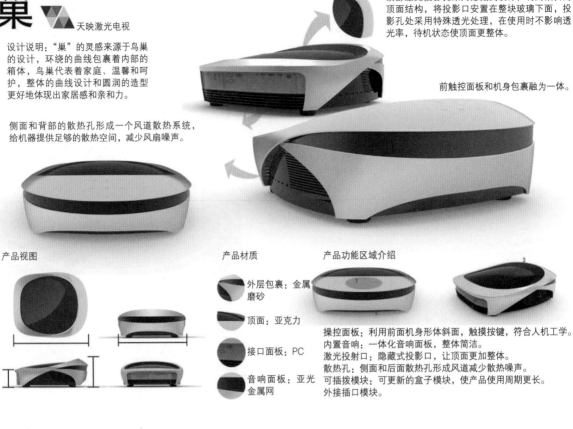

顶部激光投影孔采用隐藏式设计,利用倾斜的顶面结构,将投影口安置在整块玻璃下面,投影孔处采用特殊透光处理,在使用时不影响透光率,待机状态使顶面更整体。

前触控面板和机身包裹融为一体。

**产品视图**

**产品材质**

外层包裹:金属磨砂

顶面:亚克力

接口面板:PC

音响面板:亚光金属网

**产品功能区域介绍**

**操控面板:**利用前面机身形体斜面,触摸按键,符合人机工学。
**内置音响:**一体化音响面板,整体简洁。
**激光投射口:**隐藏式投影口,让顶面更加整体。
**散热孔:**侧面和后面散热孔形成风道减少散热噪声。
**可插拔模块:**可更新的盒子模块,使产品使用周期更长。
**外接插口模块。**

产品设计源于层叠的山峦以及山峦映在湖面上起伏的倒影,整体造型流畅,线条自然,形态优雅。

远方的山峦,宁静的梯田,墨守如初。当感到疲乏的时候,闭上眼沉思,回到宁静的自然,心中自然清朗。产品外形借鉴自然中的山峦和梯田,希望在快节奏的现代生活中,给人安静、祥和的视觉感受,沉稳的色调给人更多安心和踏实的情感。

天映激光电视

投影区

梯田式散热孔
出风口向下

后排接线孔

感应器

可调节高度

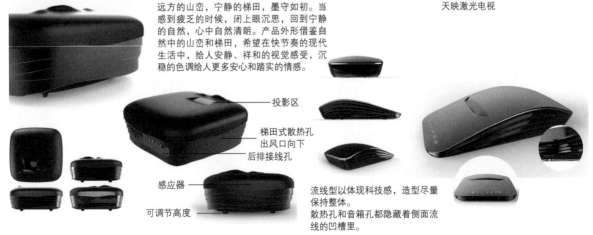

流线型以体现科技感,造型尽量保持整体。
散热孔和音箱孔都隐藏着侧面流线的凹槽里。

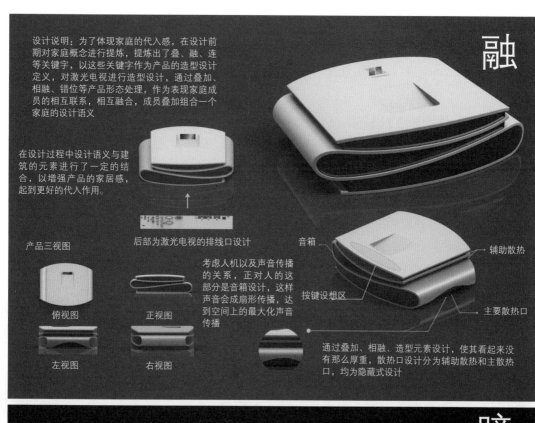

设计说明：为了体现家庭的代入感，在设计前期对家庭概念进行提炼，提炼出了叠、融、连等关键字，以这些关键字作为产品的造型设计定义，对激光电视进行造型设计，通过叠加、相融、错位等产品形态处理，作为表现家庭成员的相互联系，相互融合，成员叠加组合一个家庭的设计语义

在设计过程中设计语义与建筑的元素进行了一定的结合，以增强产品的家居感，起到更好的代入作用。

产品三视图

后部为激光电视的排线口设计

俯视图

正视图

左视图

右视图

音箱

辅助散热

按键设想区

主要散热口

考虑人机以及声音传播的关系，正对人的这部分是音箱设计，这样声音会成扇形传播，达到空间上的最大化声音传播

通过叠加、相融、造型元素设计，使其看起来没有那么厚重，散热口设计分为辅助散热和主散热口，均为隐藏式设计

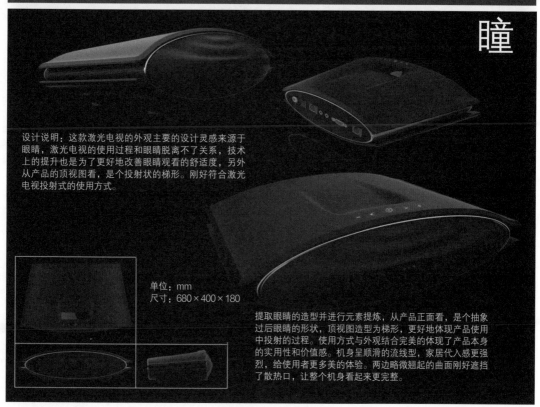

设计说明：这款激光电视的外观主要的设计灵感来源于眼睛，激光电视的使用过程和眼睛脱离不了关系，技术上的提升也是为了更好地改善眼睛观看的舒适度，另外从产品的顶视图看，是个投射状的梯形。刚好符合激光电视投射式的使用方式。

单位：mm
尺寸：680×400×180

提取眼睛的造型并进行元素提炼，从产品正面看，是个抽象过后眼睛的形状，顶视图造型为梯形，更好地体现产品使用中投射的过程。使用方式与外观结合完美的体现了产品本身的实用性和价值感。机身呈顺滑的流线型，家居代入感更强烈，给使用者更多美的体验。两边略微翘起的曲面刚好遮挡了散热口，让整个机身看起来更完整。

图 7-29  设计提案

## （四）设计深化

经过首轮设计提案展示、汇报、沟通以及评价等工作，筛选五款设计提案，进行整体设计风格化，从造型、结构设计、硬件尺寸、功能配合等多方面设计深化调整（图7-30）。

## （五）设计定案及展示

基于激光电视产品市场定位、产品风格化、造型与功能配合完整及成熟度等各方面考量评价，最终确定"璇"产品设计并进行样机打样加工（图7-31、图7-32）。

"璇"激光电视风格化设计，整体造型采用螺线上升曲面形态，更倾向于强调家居感和现代感，从而塑造简洁而富有动感的激光电视造型

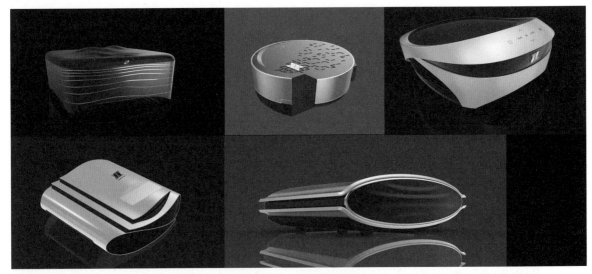

图 7-30　设计深化方案

图 7-31　定案效果图

图 7-32　产品使用场景图

（图7-33），同时，产品材料工艺与表面处理采用铝材搭配黑色塑胶材料。色彩呈现符合黑、白、灰的颜色搭配需求，相较市场竞品激光电视突出产品风格化特征，具有明显品牌产品辨识度以及较高的产品品质。

图 7-33　产品侧视图

另外，将其品牌标志的图形进行解构重建，构建出具有品牌风格的产品构架，并刻画出激光电视由图像投射口向外投射精彩图像的功能视觉化表现（图7-34、图7-35）。

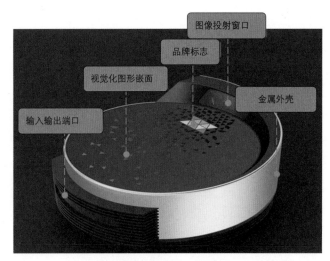

图 7-34　功能部件示意图

图 7-35　产品风格化细节

## 二、国宴用瓷设计案例

2018上合组织青岛峰会《千峰翠色》系列用瓷：首脑晚宴用瓷、元首会议用瓷、茶咖具、元首下榻的房间以及单边、双边会谈室陈设瓷、盖杯，瓷系列始终相伴于每一位元首及随从政要的会谈对话、饮食起居，在峰会上进行全系列使用和陈设。

### （一）调研分析

2018上合组织青岛峰会于山东青岛举办，高级别国际会议是展示中华文明和灿烂文化的重要舞台。宴会用瓷设计、工艺及材料要达到国际水准，既要展现主办方东道主国家的大国气度，又要呈现会议主办地文化、地域特色（图7-36）。以往多边外交大型国际会议，大多采用镁质瓷配以不同釉色花纸的形象产品（图7-37）。

泰山

海洋

青岛

图 7-36 地域特色

图 7-37　以往多边外交大型国际会议用瓷

## （二）设计定位

青瓷是中国陶瓷皇冠上的明珠，"雨过天青云破处，这般颜色做将来。"这是900多年前的宋徽宗描写青瓷的一段诗句。中国传统一直延续着宋代以来以素为美，以青为上的陶瓷审美。

玲珑剔透万般好，静中见动青山来。"千峰翠色"的设计重点为表现齐鲁海岱文化，传承与创新并举，儒家思想的"和而不同"融会其间。造型设计以泰山、祥云、海为题，海岱相连，山水呼应，体现出以海岱文化为代表的齐鲁文化，彰显包容、开放与厚重。以往国宴用瓷多以优美釉色花纸进行装饰，如G20、金砖、一带一路等，表现当地的温婉与华丽。本次国宴用瓷设计使用东方传统审美，以素为美，突出山东青瓷文化，在其上稍施元素与装饰，同时表现出山东人真实质朴的性格特点。

## （三）设计构思

国宴用瓷系列造型设计主创元素以山（泰山，代表稳定祥泰）、海

（代表博大、包容的胸襟）为题，海岱相连，山水呼应，刚柔相济，和谐统一，金色泰山祥云下映衬着三条不同粗细的浮雕海浪波纹，映射出水的涟漪（图7-38）。

图7-38 设计构思草图

## （四）设计深化

2018年的上合青岛峰会用瓷《千峰翠色》秉承了中国青瓷"九秋风露越窑开，夺得千峰翠色来"的外观特征，赋予了青岛峰会用瓷"和济世界、礼遇天下"的创意与情怀。器型中的立面产品造型饱满圆润如蒸蒸日出，平面产品流畅如线，组合成日出东方的蓬勃之美。造型深化中保证线条挺拔、饱满、圆润（图7-39~图7-42）。

金色的泰山浮雕盖钮，凸显出五岳之尊泰山在悠悠天地之间的大气磅礴之势，缭绕山间的朵朵祥云飞逸着当今中国的盛世祥和、蓬勃发展之象，浮雕的海浪波纹相拥相连，跳动着天下一体的生机和韵律（图7-43、图7-44）。齐鲁文明"和而不同"的思想融会其间，令观者心领神会，心驰神往（图7-45、图7-46）。

## （五）样品试制

在正式批量投产之前，需要进行样品试制工作（图7-47、

图 7-39 主餐盘及餐盖平面设计图          图 7-40 餐盘细节平面设计图

图 7-41 茶杯及酒盅平面设计图

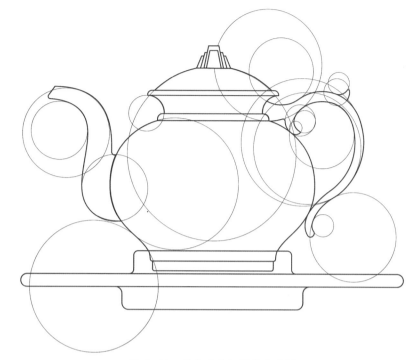

图 7-42　茶盘及盘托设计平面图

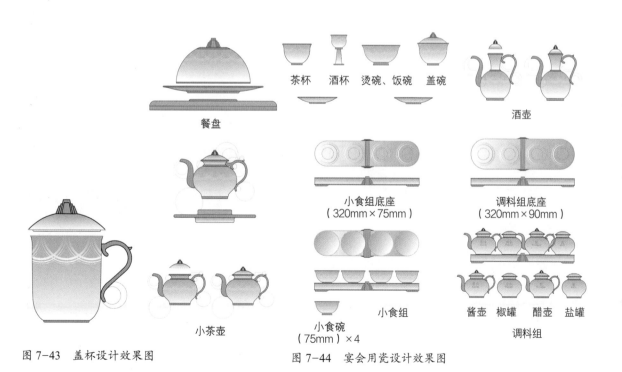

餐盘

茶杯　酒杯　烫碗、饭碗　盖碗

酒壶

小食组底座
（320mm×75mm）

调料组底座
（320mm×90mm）

小食组

小茶壶

小食碗
（75mm）×4

酱壶　椒罐　醋壶　盐罐

调料组

图 7-43　盖杯设计效果图

图 7-44　宴会用瓷设计效果图

图 7-45　三维渲染效果图

图 7-46　三维渲染效果图

图 7-47　设计样品试制

图 7-48）。在设计生产期间，由于国宴餐盖尺寸大、重量大，泰山盖钮祥云的尺寸、位置、泰山造型结构皆进行了多次调整，最终确定能够方便拿取的比例尺寸。金釉显色出现了问题，存在金色釉面发乌、不匀等情况，经过更换多种不同金釉原料与调整工艺，最终得以完美

图 7-48　会议用瓷修胚及餐
盖试制

呈现。

## （六）设计展示

"九秋风露越窑开，夺得千峰翠色来"的外观特征以及瓷质呈现的通透晶润、质地清朗的现代美学风格，使其赋载的文化意义和艺术价值得以无限延伸，尚青文化得到了新鲜时尚的延续。"千峰翠色"系列历经近8个月的设计开发，20种设计提案，几十次的反复打样，70余道工序的精雕细琢，方修得清醪既成，青瓷既启。瓷器材质晶莹朗润、清澈通透，如同大海，象征着盛世大国的胸襟（图7-49～图7-51）。

图 7-49 "千峰翠色"系列成品

图 7-50 "千峰翠色"国宴用瓷系列

图 7-51 "千峰翠色"会议用瓷系列

# 第三节

# 课程成果案例

## 一、智能家居产品设计

该课题设计为智能家居方向，运用风格化设计中系列化设计方法，在消费者全家居空间内发现消费使用需求，通过形象塑造手段确定统一产品形象设计风格，进行延伸形成系列产品形象和品牌风格（图7-52）。

图 7-52 智能家居产品设计

针对消费者家居全空间展开调研工作，根据客厅、厨房以及卧室空间不同使用需求及环境属性，确定系列产品设计定位（图7-53）。

系列产品统一设计以白色为产品主体色，黑色为边框配色，局部采用饱和度较高的橙色或蓝色作为点缀色。采用基本方形、三角形、梯形为造型基础形态，在其基础上为轮廓边线增加适度化圆角，使产

建造智能厨房，用于安全气体使用的检测设计，全面菜谱，方便烹饪时迅速发现

鉴于睡眠噪声，主动降低噪声还原功能设计与次声波灭蚊设计，从而创造舒适的睡眠

为空气质量而设计，通过监测空气中的甲醛、苯等有害物质，建立气体监测有效预警，以实现健康的生活

图 7-53 环境调研

品与家居环境及氛围更加融合，形成统一的形态风格设计。采用大面积阵列圆点实现发音功能，确立产品装饰风格设计（图7-54）。

图 7-54 产品装饰风格设计

## （一）卧室智能产品

卧室智能产品放置于卧室使用，一方面应采用主动降噪技术，营造一个安静的休息环境；另一方面可采用次声波驱蚊技术，在没有有害气体释放的情况下，驱散蚊虫，实现安静、舒适的入眠环境（图7-55～图7-57）。

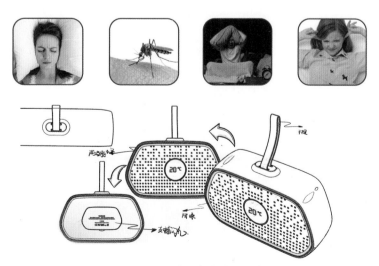

图 7-55 卧室智能产品提案

大圆角的设计，小巧玲珑可爱，用次声波驱赶蚊子，减少噪声在空气中的传播，创造一个舒适和安静的睡眠环境，精神每一天

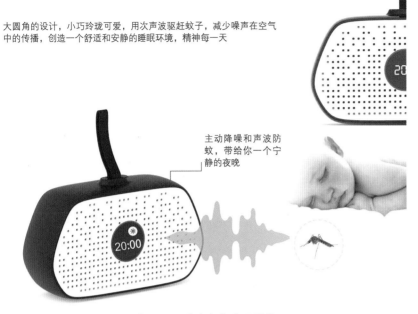

主动降噪和声波防蚊，带给你一个宁静的夜晚

图 7-56　卧室智能产品设计

图 7-57　卧室智能产品表现

## （二）客厅智能产品

　　客厅智能产品，具有检测空气中甲醛含量、温度及时间显示、智能物联等功能，其产品形象延伸的整个系列的风格化设计，如图 7-58 ~ 图 7-60 所示。

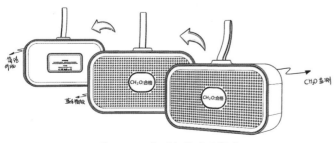

图 7-58　客厅智能产品提案

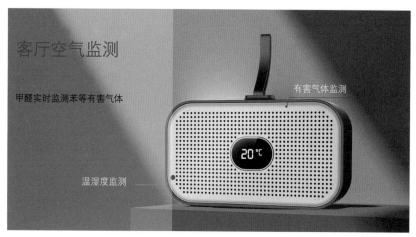

图 7-59　客厅智能产品设计

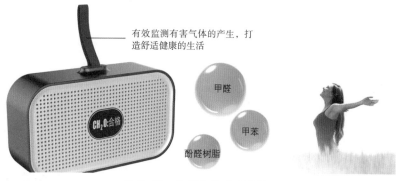

图 7-60　客厅智能产品设计

## （三）厨房智能产品

厨房智能产品可监测空气中一氧化碳的浓度，防止因厨房煤气泄漏而产生安全问题，同时具备智能互联功能，实现菜谱检索、厨艺语音指导等功能，能够让消费者在厨房烹饪时体验语音和文字的步骤提醒功能，实现保姆式的烹饪教学效果（图7-61~图7-64）。

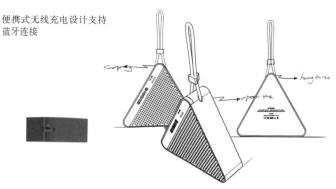

图 7-61　厨房智能产品提案

图 7-62 厨房智能产品设计

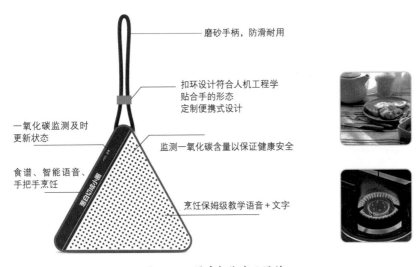

图 7-63 厨房智能产品设计

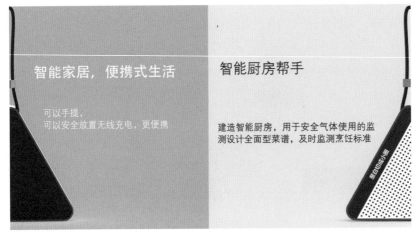

图 7-64 厨房智能产品设计

智能家居产品风格化设计，通过形态风格化、色彩风格化以及装饰风格化三个方面，系统打造实现了统一系列产品形象，塑造实现了独特的风格化品牌形象（图7-65、图7-66）。

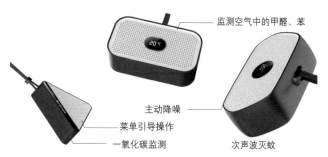

图 7-65  智能家居产品风格化设计

图 7-66  智能家居产品风格化设计

## 二、儿童智能音箱设计

对儿童行为习惯进行设计调研分析，提出与现有市场竞品具有差异性、竞争力的风格化设计创意作品，并完成儿童智能音箱的系列化产品设计、包装设计以及终端应用界面设计（图7-67）。

图 7-67  儿童智能音箱设计

## （一）调研分析

智能音箱产品的应用场景是室内，属于全群体的产品，虽然目标群体界定在12岁以内的儿童，但是购买者或使用者也可能是成年人，他们会根据自己的生活经验来判定产品。所以，在设计创意最开始，从全群体的角度出发，通过思维导图寻找设计痛点（图7-68）。

通过思维导图的帮助，圈定出多个与设计关联的信息点，这些信息点与儿童心理、产品功能、使用环境等相关。此外，智能音箱类产品虽是一个单品却不能独立于品牌产品生态圈之外，所以应全面地从消费者角度、从产业生态角度以及使用环境角度进行网络调研、实地调研、信息归纳整理，并考虑到产品线间的互惠，对用户进行创意方向的引导。

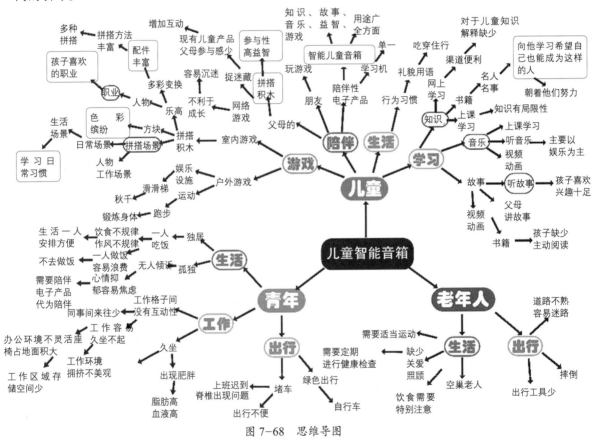

图 7-68 思维导图

### 1.竞品调研

目前市面上的产品功能包含语音智能交互功能，提供天气问询、加减乘除、英语翻译、成语解释、讲故事、讲常识等一系列语音服务；可设置提醒功能，每天提醒孩子按时睡觉、吃饭、刷牙等；还可进行远程亲子语音沟通，部分内置摄像头可远程看护。产品功能已经非常完善，技术已非常成熟，不存在技术壁垒，各大品牌都有能力开发智能语音类产品，要在产品的技术功能上寻找突破点，开发周期长、成本高（图7-69）。

图 7-69 同类产品调研

智能音箱类产品以单体结构产品占绝大部分，基于产品技术模块的限制，以摆件存放的方式居多。现有产品仅以语音交互方式实现产品与儿童的互动，可考虑加入新的互动方式，如肢体互动（表7-1）。

表 7-1 竞品调研

| 产品名称 | 公司 | 价格 | 核心卖点 |
|---|---|---|---|
| Echo Dot Kids Edition | 亚马逊 | 79美元 | 搭载Free Time Unlimited服务 |
| 天猫精灵儿童智能音箱 | 阿里巴巴 | 199元 | 天猫精灵火眼，内置803套儿童读物 |
| 晓雅Mini | 喜马拉雅 | 299元 | 近1亿条音频内容，并针对儿童优化归类 |
| TicKasa Fox | 出门问问 | 499元 | 儿童TTS，便携防水 |
| 乐迪智能机器人 | 奥睿智能 | 499元 | 热点IP，内置天猫精灵语音助手及Skills |

### 2.人群调研

儿童类产品配色多采用靓丽的配色，符合儿童喜好。

3～6岁的低龄儿童的喜好与6岁以上的小学阶段的儿童喜好会有差异，低龄儿童喜欢可爱、圆润、色彩亮丽的产品；6岁以上的儿童会对产品细节提出要求，会关注产品的内容。要做到一款产品适合多年龄层较难，可通过产品附件的更换实现产品外观的变化，从而适应更多儿童的需求（图7-70～图7-71）。

图 7-70　儿童需求调研

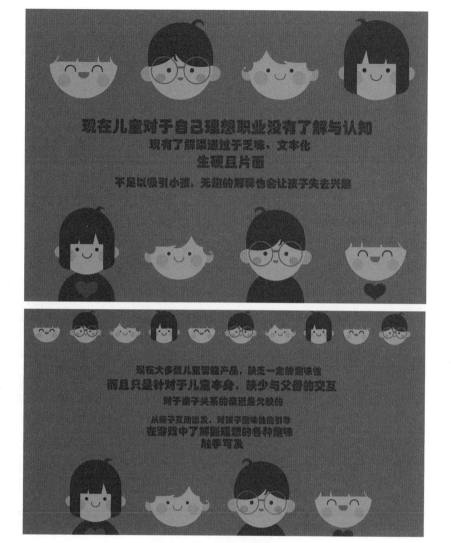

图 7-71 儿童需求调研

从父母的层面而言，对儿童类智能语音产品的功能需求主要是陪伴、教育。如何让产品能够更长时间地吸引孩子、陪伴左右，是该产品的一个核心点（图7-72）。

从产品生态的角度而言，可形成家庭智能产品间的物联，目前各大品牌均在构建产品生态圈。

## （二）设计定位

### 1.创新点

"可变身"的积木型儿童智能音箱，让音箱不仅能够实现声音的功能，还能够通过动手组装增加互动、参与感。"可变身"的概念也为不同年龄段的儿童喜好增加了宽容度，同时，让产品能更长久地陪伴在儿童身边。

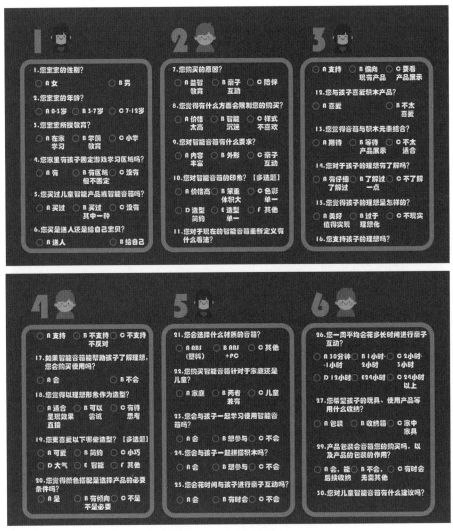

图 7-72　父母诉求调研

2.设计概念

产品提供适合儿童的语音智能交互功能，进行天气问询、加减乘除、英语翻译、成语解释、讲故事、讲常识等一系列语音服务，还可设置提醒功能，每天提醒孩子按时睡觉、吃饭、刷牙等，以及进行远程亲子语音沟通。

通过附件特征，实现特征明显的职业服装呈现。"可变身"、可组装的结构特点，通过增加附件，实现不同附件搭建塑造出不同职业特征的外观。附件以积木的形式搭建职业场景，给儿童更丰富的想象空间和更多的动手机会。通过职业模块识别，语音输出职业信息；通过语音引导，实现职业模块搭建方法传达；通过终端应用端，实现相关功能选择。

## （三）设计构思

角色细节构想，给每个职业形象设计配置相应的积木配件。可构建想象搭建场景。让音箱同时具有玩具的功能（图7-73）。

角色的身体是方形的积木块，同时也是音箱发声的核心功能模块，以凹凸结构与其它附件拼接，通过不同系列化组件，可组合生成不同职业角色（图7-74）。

## （四）设计深化

### 1.单职业设计深化

产品造型中，人物头部与帽子的部分为职业身份识别的部件，通过磁点识别技术，识别芯片内置于积木底部，与主机终端建立信息联系，读取职业角色，每个人物形象通过服饰配件来区分。配件中有与该职业相关的模块，例如画家，配有画笔、调色板、画架等，可发挥想象自由安装在场景中，进行建模，推敲产品的外观、色彩、表面涂装、组件结构以及尺寸的合理性，相较于现有市场竞品更加注重用户的参与和互动（图7-75、图7-76）。

图 7-73　构思草图

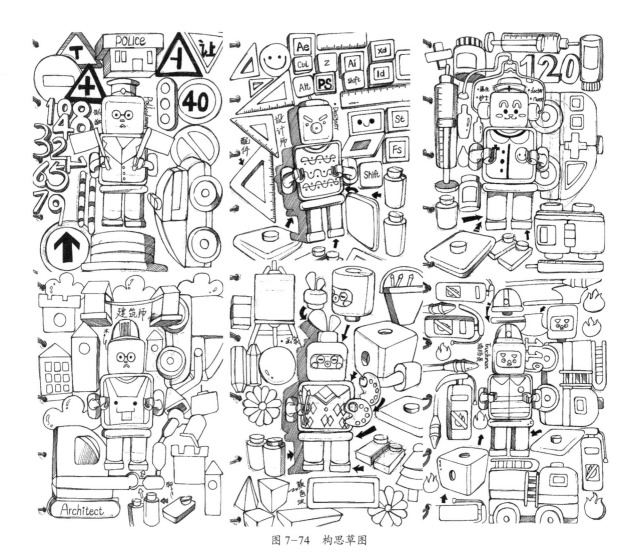

图 7-74  构思草图

图 7-75  画家结构设计

### 2.职业系列组件设计深化

　　根据不同职业的不同面貌特征，设计深化推敲突出各自形象、配色、结构以及典型道具，完成诸如画家、护士、建筑师、警察、农民、设计师、消防员等职业系列组件设计深化工作（图7-77）。

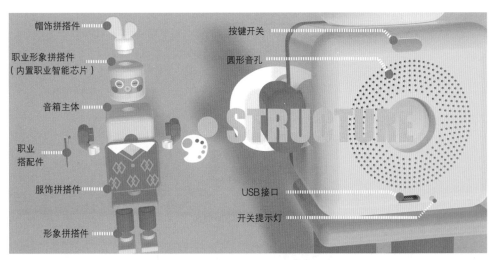

图 7-76　画家组件功能设计

图 7-77　不同职业系列组件设计

## 3. 系列产品 CMF 设计深化

进行CMF设计深化，即对设计进行色彩、材料、工艺、表面纹理的设计（图7-78、图7-79）。

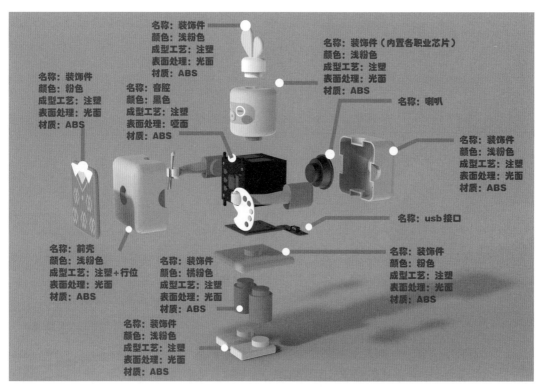

图 7-78　CMF 设计深化

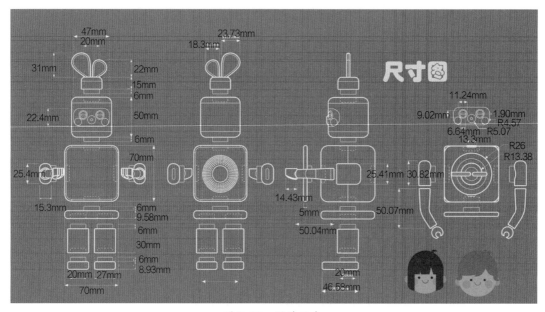

图 7-79　设计尺寸

4. 系列产品场景化设计深化

针对不同职业设计进行不同场景搭建，验证模拟消费者使用产品搭建说明并提供示范（图7-80）。

5. 产品使用方式及App设计

产品通过App链接实现全部功能，针对App内部UI界面及内部操作逻辑进行构建，运用已确定产品风格化元素进行设计，使UI界面形象与产品风格统一延续（图7-81～图7-86）。

图 7-80　场景设计模拟

图 7-81　产品使用方式及 App 设计

图 7-82　产品使用方式及 App 设计

图 7-83　产品使用方式及 App 设计

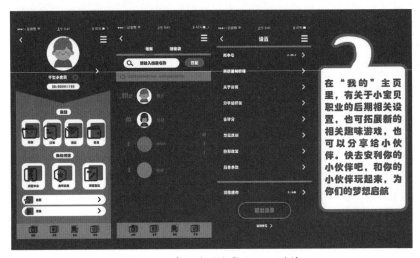

图 7-84　产品使用方式及 App 设计

图 7-85　产品使用方式及 App 设计

图 7-86　产品使用方式及 App 设计

6.产品包装设计深化

以环保理念设计产品外包装，将外包装做成产品的一个部分，不丢弃。可以作为模块收纳的盒子，也可作为模块搭建的底板（图7-87）。

图 7-87　包装设计深化

## （五）设计展示

整套"儿童智能音箱系列设计"，设计汇总完成画家、建筑师、农民、设计师、消防员、护士、厨师、教师、警察共9个职业角色系列设计（图7-88～图7-92）。

图7-88　职业角色汇总

图7-89　产品场景

图7-90　产品卡片设计

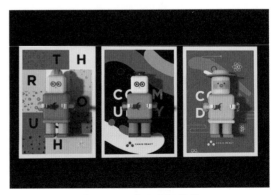

图7-91　产品海报设计

图 7-92 产品使用场景

**思考与练习**

1.请选择一个知名品牌，根据其品牌形象，进行产品风格化塑造，设计完成符合品牌形象的风格化产品设计。

2.请虚拟一个品牌形象，并对其进行产品风格化塑造，设计完成符合品牌形象的风格化产品设计。

[1] 王受之. 世界现代设计史 [M]. 北京：中国青年出版社，2002.

[2] 李亦文，黄明富，刘锐，等. CMF 设计教程 [M]. 北京：化学工业出版社，2019.

[3] 吴琼. 产品系统设计 [M]. 北京：化学工业出版社，2019.

[4] 陈根. 图解产品形象设计及案例点评 [M]. 北京：化学工业出版社，2016.

[5] 费希尔. 品牌再设计 [M]. 夏颉，译. 上海：上海人民美术出版社，2001.

[6] 金荣淑. 设计中的色彩心理学 [M]. 武传海，曹婷，译. 北京：人民邮电出版社，
   2011.

[7] 梁梅. 意大利设计 [M]. 成都：四川人民出版社，2000.

[8] 池尚贤. 唯有 iPhone：设计改变世界 [M]. 武传海，译. 北京：中华工商联合出版
   社，2011.

[9] 希利尔，麦金太尔. 世纪风格 [M]. 林鹤，译. 石家庄：河北教育出版社，2001.

[10] 罗仕鉴，李文杰. 产品族设计 DNA[M]. 北京：中国建筑工业出版社，2016.

[11] 伍玉宙. 产品的风格化设计 [J]. 大舞台，2011（12）：153.

[12] 来偖人. 基于几何特征基因的轮廓曲线风格创成设计方法研究 [D]. 杭州：浙江
   大学，2013：1–100.

[13] 马小非. 基于产品族设计的家用吸尘器开发研究 [D]. 西安：陕西科技大学，
   2012.

[14] 杜聪，白安妮. 浅析产品设计的艺术风格化问题 [J]. 大众文艺，2018（4）：
   90–91.

[15] 项蔚. 系统设计再思考——从产品创新设计与品牌建设的内在关系看台州制造
   型企业的转型升级 [J]. 大舞台，2012（10）：134–135.

[16] 阮文杰. 产品形象设计的统一性理论研究 [D]. 桂林：桂林电子科技大学，2006.

[17] 杨鹏. 风格转移驱动的产品色彩方案设计技术研究 [D]. 杭州：浙江大学，2013.

[18] 张云龙. 复杂曲面产品廓形风格化设计技术研究 [D]. 杭州：浙江大学，2013.

[19] 黄亚飞. 基于企业形象理论的产品形象统一性研究 [D]. 苏州：苏州大学，2011.

# 后记

    产品设计经历了从工匠式到模块化、标准化、规模化，向个性化和定制化方向发展的过程。通过产品设计，进行功能、造型、CMF（Color、Material、Finishes，简称CMF，指色彩、材料和表面工艺）等的创新，塑造产品差异性、创造产品附加值和沉淀品牌价值三个方面对企业品牌发挥着重要作用。在此基础上，进一步加强市场和用户调研，进行产品策划和基础研究，突出技术研发和产品形象设计，配合推广营销与品牌战略。

    经过产品风格化设计课程的学习，由浅入深、由源及流，从风格的形成、影响风格的因素、典型设计师及品牌，到产品风格化塑造的诸多方法、过程以及设计典型案例，跟随本教材章节的内容与节奏，可系统地完成产品风格化设计的学习。通过典型设计师、知名品牌的具体风格化介绍及其形成演进轨迹，可使读者更加深刻地理解风格化在品牌形象塑造中的重要作用。通过大量针对性设计案例的对应说明，加强相关知识的形象化，提高其可读性及易读性。通过本教材的学习，可达到在具体产品设计实践中更懂企业和用户的需求，同时更为自然地从设计的角度理解认识以及灵活自如地进行产品风格化设计的目的。

林宇峰

2022年1月10日